全国高等院校工业设计专业教材

# 服务设计
# 思维与实践

夏敏燕　宋仕凤　张舒沄　编著

中国电力出版社
CHINA ELECTRIC POWER PRESS

## 内容提要

服务设计理念与方法能帮助学生更综合地提高发现、分析与解决问题的能力。课程体现了专业课程与创新创业教育融通的要求和趋势，体现了设计＋商业的学科前沿，正成为许多高等院校设计专业的选修甚至必修课程。书中通过理论结合实践，系统讲述了服务设计的概念、流程、工具方法、评价，通过对实际案例的剖析，讲解常用工具与方法使用过程中的要领与注意点。全书共六章，包括服务设计概念、服务设计的流程与要素、服务设计的工具与方法、服务设计的评价、基于服务设计的医养结合康复系统研究、案例展示。主体内容依据服务设计经典的"双钻模型"流程进行阐述，每个阶段有理论、有实践，适用于设计专业本科以及研究生学习与参考，也适合对服务设计感兴趣的初学者自学使用。

图书在版编目（CIP）数据

服务设计思维与实践 / 夏敏燕，宋仕凤，张舒沄编著. —北京：中国电力出版社，2024.3
全国高等院校工业设计专业教材
ISBN 978-7-5198-7731-6

Ⅰ.①服… Ⅱ.①夏… ②宋… ③张… Ⅲ.①工业设计—高等学校—教材 Ⅳ.① TB47

中国国家版本馆 CIP 数据核字（2023）第 065094 号

出版发行：中国电力出版社
地　　址：北京市东城区北京站西街 19 号（邮政编码 100005）
网　　址：http://www.cepp.sgcc.com.cn
责任编辑：王　倩　（010-63412607）
责任校对：黄　蓓　王海南
装帧设计：锋尚设计
责任印制：杨晓东

印　　刷：北京盛通印刷股份有限公司
版　　次：2024 年 3 月第一版
印　　次：2024 年 3 月北京第一次印刷
开　　本：889 毫米 ×1194 毫米　16 开本
印　　张：9.5
字　　数：222 千字
定　　价：65.00 元

# 《全国高等院校工业设计专业教材》丛书编委会

# 序一

设计是除科学和艺术之外的第三种形式的人类智慧，它不仅关乎人类面对问题的解决方式，还影响甚至决定人类未来的存续可能。

所谓“境生于象外”，设计一旦被囿于“物”本身的修正或创制，设计师必然会被既有物品的概念和形式所束缚。真正的设计应该是有关人类生存发展的本体论、认识论、方法论。而工业设计则可被看作是工业时代人类认识周遭“人为事物”的全面反思，其中包括对必须肯定之处的肯定，以及对必须否定之处的否定。这种积极的反思与反馈机制是设计学的核心内涵，是工业设计将“限制”与“矛盾”转换为“抓手”的关键，也是将工业设计从美术或技术等片面角度就事论事的困境中解救出来的唯一途径。如此，设计便能从“物”、技术、自然环境、经济体系、社会结构等系统存在的问题出发，在我们必须直面的限制条件下形成演进式、差异化的解决方案，进而创造出“新物种”，创新产业链，以致在生存方式上实现真正的创新。

伴随着我们的持续思考与实践，工业设计的研究范围早已摆脱了工业的园囿。在这个过程中，产品、生活方式、经济和生产关系，甚至我们的思维方式都经历着打散、重构与格式化。在这样的背景下，无论是工业设计的实践者还是学习者，都应该认识到工业设计不仅仅是一种技能或创新模式。它更深层地体现为一种思维方式，是推动创新产业发展的关键路径。在实践中，我们应当关注国家的强盛、民众的福祉、民族的复兴，以及人类未来的可持续发展，其目标应当是创造一个健康、公平、合理的人类生存方式。这涉及如何引导人类共享资源，以及如何制约人类对物质资源的无节制占有与使用。工业设计在当代社会中的作用不仅是创新和美化，而是成为一种力量，抵制那些可能由商业或科技进步带来的负面影响。这种思维方式和实践方法是人类社会所迫切需要的，它能够保障我们走向一个更加公正、可持续的未来。

这套“全国高等院校工业设计专业教材”以其宽广的视野和完整的体系，为工业设计教育提供了一份宝贵的资源。该系列教材不仅仅聚焦于新技术和新工具的发明，也更加强调利用新技术、新工具去拓展人类的视野和能力，从而改变我们观察世界的方式，发展出新的设计观念与理论。同时，借助体例与内容的创新，这套教材能够帮助相关专业教师实现从知识传授向能力培养的转变，并赋予学生自我拓展、组织和创造知识结构的能力。

我愿与市场、与技术精英们商榷：

“工商文明”真的就是人类文明的高峰吗？“更高、更快、更强”的竞技体育都明白，弱肉强食的“丛林法则”是动物的“文明”，所以“更高、更快、更强”是手段！“目的”是要“更团结”！人类文明的发展不应该，也不可能是以“工商文明”为终极目标的……用“设计逻辑”诠释“中国方案”的原创思想，才是我们的战略制高点。

（1）要推动各个领域的中国学派要讲“风清气正”的中国故事，要出思想、出创新、出成果；

（2）要探索更高意义上的“普世价值”；

（3）扬弃“工商文明”的“丛林法则”，用中国智慧的逻辑来重新思考未来可持续发展的人类社会“新文明”结构系统。

积淀了五千年的中国哲理告诉我们，研究历史是为了看背后的影子，而目的是从影子中找到前方的太阳！“中国方案”——中华民族复兴——“人类命运共同体”将代替“工商文明”诞生一个新的文明——“分享”型的服务经济——“提倡使用，不鼓励占有！”是商业创新，是产业创新，是社会创新，是人类文明的进步！

此外，我也深切地期望能与国内的设计同行，尤其是从事设计教育和设计研究的学者们互相勉励，一同思考中国设计教育所面临的挑战，以及中国设计教育所肩负的历史责任和使命。

清华大学首批文科资深教授　柳冠中

2024年1月1日

# 序二

设计的目标是为人类创造福祉。

工业设计，与生俱来，具有对技术的关注和敏感。近年来，以数字技术为代表的信息革命，以一种令人应接不暇的态势将物联网、虚拟现实、元宇宙、人工智能等新技术、新概念、新思维及新工具推到人类面前。技术浪潮的推动必然诱发对工业设计内涵的重新思考与工业设计教育体系的变革尝试：尝试如何以一种更为开放的教学结构将新兴技术整合进设计教学，在培养学生应用新技术、使用新工具去创造设计新边界的同时，引导其理解技术和工具对设计过程、结果，乃至人类社会生活的影响，最终促进新形势下技术与设计及社会文化的挑战性融合。

设计是为社会的发展、人类的生活创造一种新的可能性。

设计教育要因应时代的发展跟踪新技术，同时设计教育也要关注日趋复杂的设计对象与任务。时至今日，工业设计的设计对象从传统的“物”的范畴逐渐演变为包括体验、服务甚至组织等在内的更广泛“非物”的范畴，设计过程也有了更多复杂性。这种迭代与扩展都对学生的知识与能力、观念与意识提出了更高的要求，不仅需要学生获取更广博的知识，还需要具备自我扩展、组织、更新知识结构的能力和跨学科合作的能力；需要具备更宏观的思维力，关注设计与社会发展之间的联系，以一种更积极的态度思考设计介入社会转型发展的可能性。社会责任感、设计伦理观念和美学及人文精神作为设计者的核心素养，将更加深刻地影响设计的发展和社会的进步。

未来的设计必将是跨学科、多领域的融合共创和系统运转。设计还要关注以未来为导向，通过回顾、洞察、构建、反思、批判等设计方法，充分利用设计工具，协同创新，有效创造，持续发展。用设计服务生活、引领未来生活。

非常欣喜，看到各位青年学者携手并肩、与时俱进，持续开展设计教学改革的热情、努力和成绩。他们不忘初心、严谨求实；他们不惧挑战、勇于创新；他们有丰富的教学经验和广阔的视野，对新形势下的工业设计教学有深入的思考，这些都在本套教材中有充分的体现。我相信这套教材不但可以帮助设计专业学生建立更全面的能力系统，而且可以为设计专业教师提供有内容、有价值的教学参考。期待与大家一起，不懈努力，共创教学改革新局面。

南京艺术学院校长　张凌浩

2024年1月1日

# 前言

## 一、服务设计课程教学目的

服务设计课程体现了产业转型升级背景下专业课程与创新创业教育融通的要求和趋势，通过发现问题、分析问题、解决问题的问题求解过程，弥补学生设计创新方法不足的问题，实现设计类专业培养整合创新人才的目标。

通过该课程的学习，学生能够：①了解服务设计的理念，熟悉服务设计的流程与创新方法；②选择合适的调研方式和工具获取用户需求，收集整理并分析、细化用户需求，挖掘用户痛点；③了解设计项目中涉及的多种因素及需求，并从全局视角分析评判方案；④具有团队合作精神，能与团队成员和相关利益者共创，同时具备同理心和用户视角，能在团队中积极地发挥自身作用。

服务设计课程立足于国际服务设计的前沿理论和方法，聚焦学生基于问题的研究型学习思路，从较为复杂的社会问题入手，应用“以问题为导向”的PBL教学模式，灵活导入课程课题。学生根据兴趣选择，进行实地调研体验、洞察分析，运用服务设计工具进行分析研究，发现服务系统中的痛点和情绪曲线，依据社会趋势、品牌定位、目标人群，明确设计方向并对其中的物理触点和数字触点进行优化，制作原型，进行测试迭代，运用服务蓝图、商业画布等方法分析系统运作及商业的可行性。

服务设计课程摆脱传统的界面设计、交互设计、产品设计等偏技能型教学内容，更加注重设计分析的逻辑思维过程。在教学中，注重运用服务设计工具与方法进行小组共创，洞察出用户需求，并从社会、经济、技术等多维视角进行评判，涉及用户心理知识、管理学知识、产品开发技术等多方面的知识。服务设计课程授课知识需在单一设计理论基础上尝试纳入相关基础知识，使学生对服务设计方案的落地具有一定的了解。

## 二、本书的使用与教学安排

本书是针对高等院校设计类专业所编写的教材，适用于设计本科以及研究生的教学，同时可以根据教学要求和学生素质的不同，进行不同层次的教学安排。课程教学安排中，可以采用理论教学-实践教学相交叉的方式。建议教师在讲述第一章、第二章使学生对服务设计有初步的理解后，按照第三章的各个阶段工具与方法边讲边练，条件允许时按照第四章的评估方式做服务设计成效的追踪，同时可以参考第五章、第六章的设计实践。整个课程的组织，依据服务设计经典的“双钻模型”流程进行设计，分为探索、定义、发展、发布四个阶段，每个阶段有理论、有实践，有阶段产出要求。

探索阶段，采用访谈观察、问卷等方式进行用户研究。

定义阶段，采用用户旅程图等方式洞察用户需求及本质问题，依据企业定位和时代趋势进行思考和总结，采用Persona方法进行目标用户群分析，确定体验推动要素，明确用户体验优化思维模式，界定要解决的问题。

发展阶段，将问题具体化，采用六帽法等头脑风暴法进行设计方案的发散，并对方案进行筛选，对筛选后的方案采用草模形式进行模拟。

发布阶段，进行方便可行的草模测试，依据测试结果调整设计方案，提出最终的解决方案并进行设计发布，可以采用服务系统图、服务蓝图等方法系统呈现。

通过教、学、练、交流、验证一系列的环节，让学生真正理解、掌握、运用服务设计理念与方法。

## 三、本书的编写情况

本书由上海电机学院设计与艺术学院夏敏燕、张舒沄及南京农业大学宋仕凤老师共同编写，其中夏敏燕编写第一章到第五章（张舒沄参与第四章部分内容的编写），宋仕凤负责第六章的编写。全书由夏敏燕进行审稿。

在本书的撰写过程中，得到了很多朋友、同事、同行和前辈的支持与指导，在此表示衷心的感谢。国内外很多研究者与从业者在服务设计的教学与研究中做了大量工作，为服务设计这一课程奠定了基础。

由于时间和水平有限，书中难免会有很多不足、不妥之处，恳请广大读者批评指正。

编者

# 目录

SIGN

第二部分

## 服务设计案例

第一部分

# 服务设计基础

DE

SIGN

第一章

# 服务设计概念

## 第一节 服务设计的兴起

### 一、用户体验的重要性

随着技术的蓬勃发展和智能手机的广泛应用，体验设计已从奢侈品发展为必需品，客户体验设计在快速创新的差异化竞争中起到了至关重要的作用。据统计，86%的用户愿意为了一个更好的用户体验支付更多费用，保留现有用户的成本比获取新用户的要便宜5倍以上，增加5%的现有用户能带来25%～95%的收益增长，而有糟糕用户体验的用户会与10多个人分享此经历，89%的用户会因为糟糕的体验而去使用竞争对手的产品。传统以人为中心的设计侧重于提高工作效率，侧重于完成任务，无论是对椅子的人机工程学研究，还是对用户友好的医疗产品界面设计都是如此。而今的以人为中心的体验设计是从全局出发，理解人、产品、环境的多维互动，赋予产品更为广泛的作用。设计师应对产品的本质进行再思考，从传统的造型编码者，转变为对用户、系统深入理解的系统构建者。同时，由于生活水平的提高，提升“供给侧”的产品用户体验是必然选择。在用户与系统的接触点互动过程中，形成对系统的印象，特别的体验能形成难忘的深刻记忆，从而由感官体验向情感体验、思维体验转化与升华（图1-1）。

### 二、服务设计的兴起与发展

互联网社会和工业4.0的到来，人们对设计的关注点正经历着从物到行为方式，从功能到用户体验，从单一产品到整体服务的重要转变。满意体验的设计不只对体验接触“点”的优化，更应该是在多重时间维度上对全景式的“面”与“体”的优化，这就形成了服务设计。传统单维度的体验设计可能引起品牌体验的割裂与局限，例如，科技产业仅从产品数字界面的视角完善设计，限制了企业的更大发展。

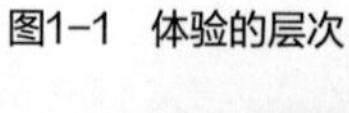
图1-1 体验的层次

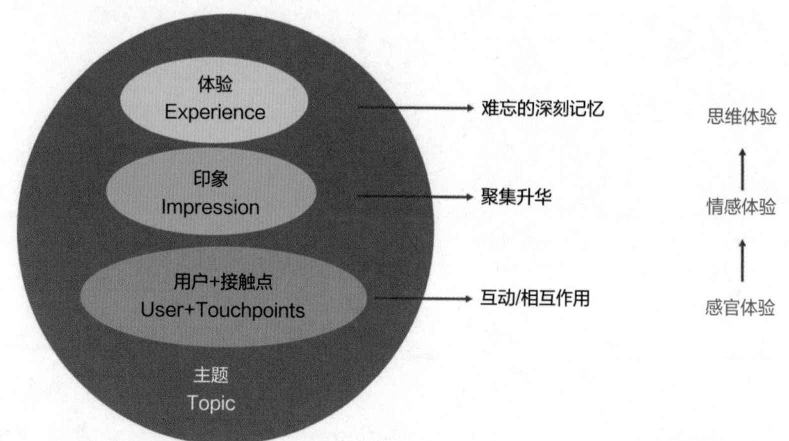


在美国商学院中流行着这样一句话：“Design is business”（设计即商业），表明了设计在商业社会中的历史使命。当前全

[1] 何传启. 发展知识型服务业的战略构想[N]. 科技日报，2016-7-11.

[2] BUCHANAN R. Wicked Problems in Design Thinking [J]. Design Issues, 1992, 8(2): 5-21.

球提供以服务产品为核心的服务产业欣欣向荣，日本、欧盟等发达经济体大多在75%以上，美国高达77.8%，部分发达国家已经进入知识经济时代[1]。像Airbnb、Uber和Instacart等基于服务的新兴公司脱颖而出，这种用数字技术的方法对接真实世界，并精心策划的多渠道体验，让服务设计这种创新设计思维与方法逐渐受到业界和教育界的重视。

而我国服务业增长快速，正从“工业经济”向“服务经济”转型。比如海底捞火锅采用了典型的服务设计思维，突破了传统服务中仅思考顾客在店内用餐的感受，而是将时间拉长至服务前、服务中和服务后。顾客在店门外等待叫号时，海底捞提供美甲服务、免费WiFi、带儿童做游戏或者直接设置一个小儿童乐园供儿童游玩，提供水果、饮料，提供号码牌，快轮上时电话告知顾客等，以减少顾客等待过程中的焦虑感。顾客在店内就餐过程中，海底捞提供围裙防止溅起的汤汁弄脏衣物，提供毛巾擦手擦汗，提供眼镜布给戴眼镜人士，提供手机袋防止溅脏手机，提供橡皮筋或发夹给长发人士，提供Pad点餐，提供开胃菜或汤减少长时等待的饥肠辘辘，长筷子、下嵌式锅体可减少烫伤手。员工“大胖”“飞虎”的名字让人感到亲切，这些服务人员帮你及时加饮料、主动换骨碟、帮助涮肉、菜放到点菜人边上、及时主动拿调换筷等服务更让人享受至高待遇，时不时还有猜谜语送拉面、拉面表演等活动让人感受吃火锅时的中国式热情。而就餐后的Pad或手机付账非常方便，还可直接申请开票。整个服务过程考虑到顾客就餐前、中、后的方方面面，得到了用户的喜爱（图1-2）。

图1-2　海底捞丰富的服务

相应地，设计的外延进一步扩展，产品的终点随之改变，企业运营也从产品终端思维向服务设计全链路思维靠拢，打造产品相关的整个服务价值链，这已成为设计公司并行创收的重要途径。设计不再只对开发中端起作用，而是从最初的需求挖掘一直作用到后期生产宣传发布与售后服务，设计的视野开始变得愈加宽广。基于用户的动线与流程，服务设计将产品/服务相关的场景、设计对象等元素串联，进行有效的组织和规划，从而为用户提供有用、易用、有效、高效的产品/服务，提供令人难忘而有价值的用户体验。服务设计不仅限于物质的、有形的产品，还包括非物的、无形的管理流程、资源组织、设备或人员的效率、决策逻辑、战略路径，乃至在特定场景里规划有意义行为的过程[2]。

图1-3　服务设计产生背景（图片来源：依据陈嘉嘉《服务设计　界定语言工具》相关内容绘制）

随着人民对美好生活的需求日益品质化、个性化、高端化，对高质量服务需求日益增长，设计使命、设计模式、设计观念、制造模式发生了相应的变化（图1-3）。在服务型社会，国内外众多知名企业纷纷转型，GE、IBM、HP 等传统制造业公司正在迅速转变为服务提供商，或延伸服务加值模式。目前，中国正在面临第三次消费结构升级转型，促进中国的“二次转型”从提供单向的设计服务向提供拥有更深远社会影响和商业价值的“整体解决方案”转型[1]。服务设计正被当作一种策略，应用于生产与消费系统中，并对环境和社会带来可持续发展的机会。服务设计不仅可以促进消费升级和商业模式转型，还可以结合大数据、人工智能和区块链等技术，影响着从研发到生产制造、供应链管理、流通、产品升级的每一个环节，进而带动全产业链效率提升，实现产业数字化转型。服务设计强调系统地解决问题，在满足不同利益相关者合理诉求的同时，通过流程、节点、环境的塑造，有效利用资源、提高生产效率，兼顾社会和经济价值，充分发挥了设计思维解决棘手问题的理念优势，也是践行联合国可持续发展目标的有效手段。时代需要能够实践企业的转型、引领企业进行服务产业创新、创造可持续的未来的服务设计专业人才[2]。

清华大学美术学院教授柳冠中认为，服务设计诠释了设计最根本的宗旨是“创造人类社会健康、合理、共享、公平的生存方式”[3]。服务设计的根本目的，是服务于人类使用物品解决生存、发展潜在的需求，是人类文明从“以人为本”迈向“以生态为本”的价值观的变革。在产业转型升级的今天，服务设计系统化、全局化、可持续的特点，有利于解决思维定向、固化的问题，不仅关系到社会民生，更是中国经济结构转型中的有力武器之一，为跨界融合提升知识经济的发展水平提供有力有效的方法支撑，应用面正日趋变广。服务设计思维不仅适用于设计师，也适用于创意员工、自由职业者、商业领袖等。它适用于产品或服务的各个层面，可以为企业和社会提供解决方案。

## 第二节　服务设计的定义

### 一、服务设计的发展历史

服务设计虽然在设计行业中是个较新的概念，实际在商界、管理学科中早有研究。1949年IBM提出了“IBM意味着服务”（IBM Means Service），体现了从销售工业产品到提供管理服务的商业模式转变策略。随后1962年丰田组成质量管理小组（Quality Circles Group），形成产品+服务驱动的质量管理。国外学界对于服务设计的研究历史可以追溯到20世纪80年代的经济管理领域。1981年，G. 林恩·肖斯塔克（G. Lynn Shostack）在论文“如何设计服务”（How to Design a Service）中首次从服务管理和营销的角度，提出了服务设计的概念[4]。1988年评价服务质量的服务质量评价（SERVQUAL）工具诞生。1988年用户旅程图（Customer Journey Mapping）在欧洲之星（Eurostar）项目开发中使用。在设计界，20世纪90年代比尔·荷林斯的《全设计：成功产品工程的整合方法》（Total Design：Integrated Methods for Successful Product Engineering）一书中引入服务设计概念。在2000年后，Live|Work、Engine等服务设计咨询公司相继产生，国际服务设计联盟（the Service Design Network，SDN）建立，意味着服务设计逐渐进入各个领域，受到社会各界的关注与重视。

国内服务设计研究晚了欧美近十年时间。国内2005年之前对服务设计的研究是从服

[1] 娄永琪，马谨. 一个立体“T型”的设计教育框架[C]//新兴实践：设计中的专业、价值与途径，北京，中国建筑工业出版社，2014：228-251.

[2] Donald A. Norman, & Pieter Jan Stappers. DesignX: Complex Sociotechnical Systems[J]. She Ji: The Journal of Design, Economics, and Innovation, 2015, 1(2): 83-106.

[3] 柳冠中. 设计与国家战略[J]. 科技导报，2017,（22）：15-18.

[4] SHOSTACK G L. How to Design a Service[J]. European Journal of Marketing, 1982, 16(1): 49-63.

务管理与营销的角度展开的，探索的是服务的设计方法。2005年之后服务设计才开始引起国内学界的重视，但对服务设计的鉴定都很谨慎，往往从服务设计的一个局部出发进行讨论，且在相当长的一段时间内有些研究者将之与社会创新混为一谈。2013年之后，随着业界对服务设计的不断关注，以及学界对服务设计的持续研究，服务设计在商业创新领域的价值被挖掘出来，从而成为学界研究新领域的主流方向。

各个国家先后颁布了相关的指导标准与政策。英国标准协会在1994年颁布了第一部服务设计管理的指导标准（BS7000—3 1994）。法国、芬兰、日本等国也都在积极推动支持服务设计的相关政策。中国服务外包研究中心、光华设计基金会是中国推动服务设计政策的重要政府智库和民间力量。2016工信部联产业出台的231号文件《发展服务型制造专项行动指南》指出加快制造业从生产型向生产服务型转变，其核心在于实现以加工组装为主向“制造+服务”转型，从单纯出售产品向出售“产品+服务”转变。商务部、财政部、海关总署2018年第105号关于《服务外包产业重点发展领域目录（2018版）》的公告将“服务设计”纳入指导目录，属于知识流程外包（KPO）。商服贸发〔2020〕12号文件《商务部等8部门关于推动服务外包加快转型升级的指导意见》建议“扶持设计外包，建设一批国家级服务设计中心”。这些政策的出台不仅有利于服务设计理念与方法的推广，也从侧面体现了服务设计对商业的促进作用。

## 二、服务设计的概念与定义

早在20世纪80年代，管理学领域就广泛关注了服务设计。G. 林恩・肖斯塔克（G. Lynn Shostack）在论文“如何服务设计”（1982年）和“设计交付服务”（Designing Services That Deliver）（1984年）中，首次提出了管理与营销层面的服务设计概念。20世纪90年代中期起，IBM先后提出“服务科学”（Service Science）、“服务科学、管理与工程”（Service Science，Management and Engineering，简称SSME）的概念，试图将服务与管理、营销、工程、设计等运用方法梳理并聚集到一个大的体系中。当前，在用户体验日渐被强调，互联网技术日渐被广泛应用，服务设计已然成为在新的历史时期、经济模态和技术条件下，推动商业创新、促进可持续发展的有力理念和方法。

然而，对于服务设计的概念，目前并没有一个明确的、统一的定义。2008年国际设计研究协会提出，服务设计从客户的角度来设置服务的功能和形式，它的目标是确保服务界面是顾客觉得有用的、可用的、想要的服务；同时服务提供者觉得是有效的、高效的和有识别度的服务。2015年罗仕鉴教授提出，服务设计是一个系统的解决方案，包括服务模式、商业模式、产品平台和交互界面的一体化设计，并对服务模式、设计模式、创新-创业-创投等方面的变革和发展具有推动作用。桥中设计（CBI）认为，服务设计就是顶层设计＋落地设计，服务设计不等于设计服务，而是一种系统的方法帮助企业从全局、系统的角度重新审视产品、用户体验、品牌、商业模式和运营流程。唐硕设计咨询公司黄峰等从体验设计角度认为，体验战略是一个长期的总体规划，围绕目标用户打造给予品牌价值的全局且统一的全渠道、全触点体验。设计也将综合考虑品牌、体验、用户各相关要素，考虑包含交互设计、交互设计、人才策略、供应链管理、商业模式、市场策略等因素，从输入输出端点的优化，变成过程链路的优化（图1-4）。而代

[1] 代福平，辛向阳. 基于现象学方法的服务设计定义探究[J]. 装饰，2016，282（10）：66-68.

[2] 秦军昌，张金梁，王刊良. 服务设计研究[J]. 科技管理研究，2010（4）：151-153.

[3] 辛向阳，曹建中. 定位服务设计[J]. 包装工程，2018，39（18）：43-49.

福平、辛向阳从现象学角度分析，认为服务设计是针对提供商与顾客本身、顾客的财物或信息进行作用的业务过程进行设计，旨在使顾客的利益作为提供商的工作目的得以实现[1]。这一定义强调将顾客利益作为提供商的工作目的，尽量避免服务提供商的自说自话。尽管各种定义对服务设计的工作内容有所不同，但目标都是为了使用户有更好的体验。

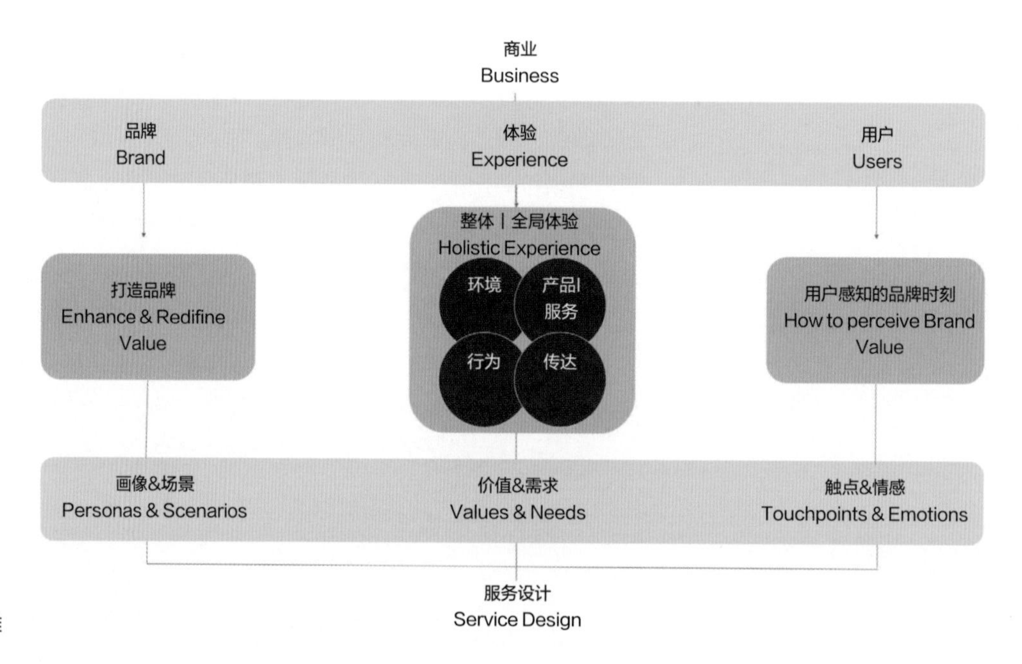


图1-4　唐硕设计咨询公司体验思维

服务设计不仅关注用户及其相关的设计因素，也关注全局中的各个组织结构[2]；服务设计不仅涉及物质体验，也涉及非物质的无形的精神体验；服务涉及不仅关注用户使用产品的过程，也关注使用前、使用后、消费前、消费后的系列过程。服务设计的系统性、无形性、延续性构成了服务设计问题的复杂性、多样性，其面对的往往是复杂问题（wicked problem）。

服务设计作为对复杂系统的设计，在不同应用场景中的设计侧重点也有所不同。辛向阳、曹建中[3]从“附加价值—核心主体—效率—意义”维度定位服务设计，从4种不同的理念或角度理解服务设计（图1-5），它们依次为生产加工、流程再造、意义塑造和范式转变。左下角象限里，当服务在商业环境里以产品的附加价值的形式出现时，效率往往成为服务决策的主要原则，工程思维是有效的手段和方法。右下角的象限里，服务是商品的核心主体，但设计过程中秉持的仍然是效率和功利原则。当服务的比重不足以让它成为商品的核心主体，服务依旧是依附于产品载体上的附加价值，但这一附加价值除了可能带来的消费者用户体验的优化之外，还有一个重要的生态和可持续发展目标等外延价值，可以作为左上角象限的代表。右上角象限里，服务是商品的主体，意义创造是设计的重要目标，如香港特区政府改善失业人群公共服务项目。

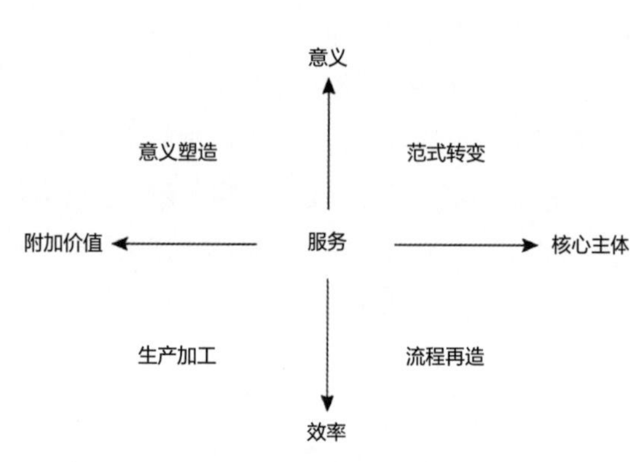


图1-5　服务设计的定位（图片来源：辛向阳，曹建中《定位服务设计》论文）

# 第三节　服务设计与相关设计的关系

## 一、服务设计与相关设计比较

### 1. 工业设计与服务设计

传统的工业设计主要针对看得见、摸得着的终端产品。产品是客户一次性购买并获得所有权，服务是客户使用但不拥有的东西；产品是有形的实物，服务是无形的活动；产品是可被触摸和感知的前台，而服务涉及整个组织的前、中、后台；产品是单点对多点呈现，服务是点、线、面、体的集成。传统的产品设计/工业设计，专注于操作中更具产品性的方面，而不太可能从系统角度来考虑产品。服务设计是对客户有形的产品、无形的服务的全局设计，是在个人的细节之间不断放大和缩小接触点，在全局和细节之间权衡考虑。

2006年国际工业设计协会理事会（ICSID）提出，工业设计是一种创造性的活动，其目的是为物品、过程、服务以及它们在整个生命周期中构成的系统建立起多方面的品质。2015年国际设计组织（WDO）指出，工业设计旨在引导创新、促发商业成功及提供更好质量的生活，是一种将策略性解决问题的过程，应用于产品、系统、服务及体验的设计活动。从以上定义描述可以看出工业设计（设计）的内涵变化很大，从2006年开始，作为设计活动的目的和作用对象，“服务”就成为定义描述中关键的要素概念之一。工业设计试图将服务设计囊括在设计内容中。

### 2. 交互设计与服务设计

交互设计在于定义人造物在特定场景下反应方式的相关界面。特里·温诺格拉德（Terry Winograd）将交互设计定义为“人类交流和交互空间的设计”，强调的是用户与产品使用环境的共存以及交互场所与空间的构建。从狭义交互设计定义来看，交互设计只是服务设计宏观项目落地时的“数字触点”设计，交互设计面对的是终端用户，是对数字界面进行设计优化，关注的是人与数字产品的互动，是线上的、非物质的数字体验设计。从广义交互设计定义来看，硬件产品、软件系统上人与产品的互动，甚至用户与服务提供者间的互动，都可以视为交互设计的范畴。

### 3. 体验设计与服务设计

体验设计（User Experience Design，UED）与服务设计的共通点在于都试图创造最佳的用户体验，采用的设计研究方法也有重叠，如用户访谈、观察、用户日志、用户画像等。但体验设计与服务设计之间最大的区别在于试图解决设计问题的性质。体验设计通常试图解决单个产品/系统界面的问题，是服务中单独的实体/数字接触点。而服务设计则聚焦于行为（场景、任务、目标、意义）、流程（过程、手段、资源）和环境（节点、物理空间和社会场所）的创新，以及由此带来的效率、效益、体验和意义的改变。服务设计涉及了一系列的实体、数字、人际接触点。服务设计还有其专用的工具与方法，如服务生态图、服务蓝图等，从系统角度分析从而提供更为“全局”的体验优化。

体验设计是以用户为中心，这一用户几乎总指的是客户，或最终用户。而服务设计是从相关利益者出发，是“前台”“后台”的多维涉众“用户”，通过对企业资源（人员、道具、流程）进行规划和组织，直接提高员工的体验，间接提高客户的体验。因此，服务设计既是以用户为中心的，也是以系统为中心的。用户体验多作用于产品或是服务的“自身的属性”，而服务设计多作用于产品或是服务的“系统的属性”。

将服务设计与工业设计、交互设计、体验设计进行了差异对比（表1-1），四者之间有重叠。举个例子，如果我们从用户体验的角度来考虑垃圾桶的设计，可能是从垃圾箱的造型、容量、放置位置、材料工艺等可用性，以及易用性和美观性角度考虑。而从服务设计的角度来考虑的话，除了要考虑使用者以及刚刚提到的这些要素以外，还要考虑保洁员、管理员等利益相关者，甚至考虑整个社会因素，从而在设计时需要考虑这个公园里的垃圾的主要种类，垃圾的回收过程，如何通过合理放置垃圾桶的位置，合理设计垃圾桶的容量，减少垃圾桶的数量，节约公园的管理成本，以及鼓励和引导游客自行处理垃圾的习惯等。也就是说，服务设计除了在体验层面上和用户发生关系以外，还在服务系统的管理成本层面、人们的公共环保意识等层面，与用户发生着密切的关系。

表1-1　服务设计与工业设计、交互设计、体验设计的差异对比

| 工业设计 | 交互设计 | 体验设计 | 服务设计 |
| --- | --- | --- | --- |
| 三维实体 | 数字界面 | 三维实体/数字界面 | 系统、组织和全链路 |
| 终端用户 | 终端用户 | 终端用户 | 利益相关者（含终端用户） |
| 物质的 | 非物质的 | 物质的/非物质的 | 物质的+非物质的 |
| 线下 | 线上 | 线下/线上 | 线下+线上 |
| 生产与消费分开 | 设计与使用分开 | 生产与消费分开/设计与使用分开 | 生产与消费不可分离 |

## 二、服务设计项目类型

服务设计作为当前备受关注的设计领域，其本体属性是人、物、行为、环境、社会之间关系的系统设计[1]，既可以是有形的，也可以是无形的，连接的是商业定位和设计交付所涉及的种种细节。服务设计以物质产品为基础和载体、以用户价值为核心、用户需求为主导、用户体验为重点的全方位设计，目标是提供物质产品和非物质的服务为一体的综合解决方案[2]。在专业服务设计实践中，服务设计项目可以分为三种类型：所有的项目都创造价值，并对不同的需求做出反应。

### 1. 界面层

在这一层级，我们重点关注与顾客体验相关触点的创新和进步，依据用户旅程发现问题，确立人物角色，通过故事板、模型和原型构想、展现方案。界面导向的服务设计主要聚焦于前台体验。

### 2. 系统层

在系统层，我们主要关注结构、过程、性能和支持系统。利益相关者、系统图、服

[1] 辛向阳，曹建中．服务设计驱动公共事务管理及组织创新[J]．设计，2014（5）：124-128.

[2] 姚子颖，杨钟亮，范乐明等．面向工业设计的产品服务系统设计研究[J]．包装工程，2015，36（18）：54-57.

务蓝图流程图和组织方视角将会成为服务设计项目的核心。后台被看作是服务提升和创新的一个必不可少的部分。

### 3. 战略层

在这一层级，我们关注战略创新与战略定位，或从新业务开发的角度进行改进和创新。

卡耐基梅隆大学的设计哲学教授理查德·布坎南（Richard Buchanan）在四个领域内描述了设计学科：图形、工业、交互和系统。服务设计既可以是有形的，也可以是无形的，连接的是商业定位和设计交付所涉及的种种细节。其创新不仅仅是产品工艺、结构等传统的技术创新，更是将技术创新提升到战略，或者融合了商业模式创新，甚至是整合了制度、组织等创新的集成创新。

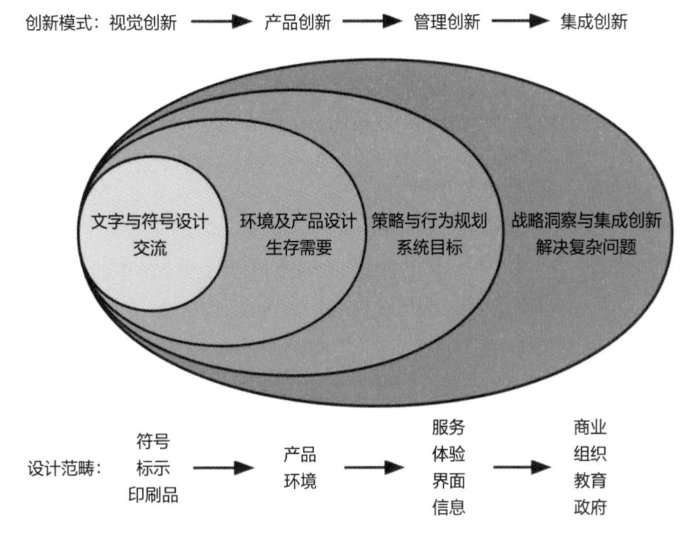


图1-6 布坎南的设计四层次

## 三、小结

总而言之，服务设计是通过共创方式，综合考虑各个相关利益者的需求，对产品的有形、无形的要素进行设计与优化。这也为设计师、创新者、企业家等提供一种可将服务系统连贯化的思维方式，从而提升用户体验，创造或提升产品与服务的附加价值。服务设计并不是设计学自身发展的产物，而是一个跨学科的交叉领域。不同学科对于服务设计的不同关注，推动了服务设计的学科发展。反过来，服务设计又扩展了设计等学科的内涵。对于设计学科而言，服务设计不仅对交互设计与体验设计具有包容性，与传统的工业设计、环境艺术设计等设计专业也具有很强的兼容性。同时，不同学科的加入又为服务设计理论体系的统一建构提供了难度，而这恰是目前服务设计研究所面临的挑战与机遇。

# 第四节　服务设计的目标与任务

[1] IBM Conducted more than 1700 in-depth, face-to-face interviews with CEOs, general managers and senior public sector leaders from around the globe.

一项针对首席执行官们的全球性研究指出，有66%的人认为客户关系是维系经济价值的一项关键资源，73%的人在客户洞察方面加大了投资。首席执行官们面临的挑战是，即使他们能够对客户需求洞若观火，他们的企业组织却不一定具备准确和快速响应的能力[1]。著名的咨询机构贝恩公司（Bain & Company）对362家公司及他们的顾客进行了调查，得出了一个非常有意思的结果：80%的公司认为自己给顾客提供了非常好的顾客体验，而当把调研对象改成顾客时，受访者却表示这些公司里只有8%确实提供了绝佳的体验。公司如何传递他们的服务体验变得像产品自身提供的价值一样重要，需要超越数字层面，跨渠道地设计整体服务体验，打造一个更多样化的生态系统。追求更高的资本利用和为顾客提供更优质的服务促进了去中心化、网络化服务系统的发展。

## 一、服务设计的目标

在设计之初，就要有总体的服务设计目标。服务设计战略要规划和设计组织如何提供用户价值的过程，实现服务价值与商业价值的转换。其本质内容在于：①目标状态的描述；②组织条件的描述（或对企业转型而言的初始状态描述）；③过程与环境的描述；④路径的选择与规划。设计战略（Design Strategy）是在企业战略的层级上探讨目标和路径的问题，核心是帮助企业回答“做什么？为什么做？怎么做？”的问题，也就是“What、Why、How”黄金三问。设计战略的工作是设计企业如何向用户提供价值的问题，它不仅仅是产品规划和产品战略问题，而是更加关注用户价值的发现、用户价值的实现模式，以及持续的价值创新等问题。设计战略的制定，涉及企业战略的核心层面，包括价值创新模式和组织创新模式的问题，需要运用系统化、整合性的思维。服务设计思维与方法运用社会研究的方法，关注情境中呈现出的问题，而不是企业目标问题；关注服务价值，而不是技术指向的功能；关注系统中所有利益相关者的价值，而不是简单的客户关系。通过这些方式，服务设计方法以期达到在多方面降低企业在服务产品开发中的失败风险。

由此，在服务设计的宏观战略目标下，形成正确的产品观与交互观。设计师必须超越产品制造的思维模式，需要超越触点和渠道去设计终端到终端的用户体验，将服务设计带入到以产品为基础的技术文化中。设计活动被视为市场营销和管理学领域的一部分，提出将有形组件（产品）和无形组件（服务）结合在一起的综合的设计。这样做主要是因为，为商品添加服务条款可以提高销售的纯利润。其次是因为商品服务可以使品牌和终端消费者持续对话，这就导致了品牌更强势的曝光、重复销售、有价值消费者的信息收集以及有效的客户关怀。更重要的是，因为他们的商品可以成为连接产品、服务、内容和社交媒体的生态系统的一部分。可以将产品服务系统细化为产品导向、使用导向、结果导向三种导向八个分类，见图1-7所示。这种商品-服务生态系统很难被复制，而且经常把消费者和产品的附加价值紧紧捆绑在一起，从而为企业提供了一个对抗竞争的稳固堡垒，比如苹果公司建立了应用商店（AppStore）。因为资源稀缺很难被复

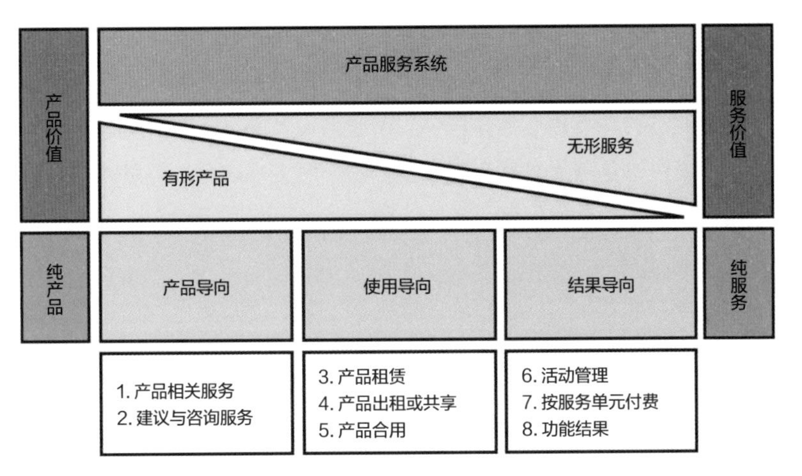

图1-7　产品服务系统三导向分类

制，产品制造商需要抢占先机，否则要成功占据一个全新的价值空间将时不再来。这也导致了产品+互联网模式的服务的快速发展，包括手机App、家庭服务等，产品制造商们越来越倾向于为他们的新产品提供网络服务。

服务系统中的界面是多人、多界面参与的“服务交互”。将服务设计定义为服务发生的场所、境界（与人的动机和行为相关的范围）、情景三个因素的协调，服务界面是用户可感知的、有形可视的服务部分，是由可以支持用户体验的人、产品、信息和环境组成。从“单点交互”到“多点交互”，从“线性分析”到“开放系统的分析”，服务设计中的界面更多是解决服务中多维的“接触点”交互问题。服务设计的流程中对一个个“接触点”的梳理，能够发现更多问题，站在系统的角度提供更广思维的解决方案。

## 二、服务设计的任务

服务模式的实现需要靠有效的组织来完成，体现为组织的商业模式（Business Model），是服务战略实施的路径。因此，服务设计是从服务模式创新到商业模式创新的必经之路。要抓住服务化的机遇往往是困难的，原因有三：第一，大型产品制造公司的创新努力多是来自于产品技术的发明，很少是因为对于具体价值空间的洞见；第二，这些公司拥有一条细致、广泛且发展成熟的产品创新流程，是公司一直以来的生命线，但并不适合服务创新；第三，产品公司有一个主打的商业模式，即从销售产品中获利，服务型商业模式则要求不同阶段上使用不同的商业模式。由此，服务设计需要从组织与产品两个层面进行优化。

### 1. 组织层面

需要搞清楚产品管理和服务管理之间的差异，同时在整个组织中落实这种转变。产品管理视角更为孤立，着眼于为客户提供特定技术或产品，而服务管理视角更为系统。涉及与客户体验相关的方方面面，往往需要重新梳理组织核心架构。大型企业传统的运营模式和管理方法正在慢慢受到挑战，需要重新评估传统的商业模式。在组织中也要引入服务设计，帮助组织各个层面人员从客户视角提供服务体验的能力。员工也要超越原有企业文化和种种限制，采用一种全新的方式工作，在组织的核心促使变革发生。服务设计在帮助组织机构变革业务模式和维持顾客方面发挥着重要作用，通过建立一个容涉广泛的技能组，支持组织机构变革带来新服务并发挥更大的积极作用。

### 2. 产品层面

产品向服务生态系统转型的过程中，不仅在组织层面中做出改变，还要在方法层面改变，需要基于终端用户的需求引导新的产品——服务型商品的概念设计，需要对情境和用户的正确解读，考虑各个利益相关者，针对客户的具体情境设计客制化的、一对一的服务。以前，汽车的制造过程可能是从画草图、制作三维图、生产模型、标准化量产、市场推广运营、渠道的维护以及售后的服务等。但服务设计通过人与人的连接和沟通，转换思路，开展共享型汽车服务，如现在的优步公司、滴滴打车等产品就是这样的思路。服务设计可以帮助我们实现从产品到服务的思维转换。两者的视角发生了本质的变化（表1-2）。传统的产品思维，是由企业内部向外部市场观察的业务视角，更注重公司内部的业务与流程，注重效率，被动地回应外部顾客的反馈。而服务思维的视角发生了改变，更多的是由外向内，是将设计对象由人为事物转向人的主观感受，将设计目的由技术世界转化为人的生活世界，从而促进人的自由体验。

表1-2　　业务视角与体验视角的区别

| 由内观外：顾客体验的业务视角 | 由外观内：顾客体验的顾客视角 |
| --- | --- |
| 业务流程改进 | 顾客体验改善 |
| 注重效率 | 注重价值创造 |
| 模型和流程是主体 | 顾客及其生活是主体 |
| 企业识别问题 | 顾客识别问题 |
| 回应顾客反馈 | 回应潜在顾客和预期顾客的需求 |
| 与企业团队一起工作 | 与顾客一起工作 |
| 按照运营原则进行设计 | 按照服务原则进行设计 |
| 定义基准和度量 | 明确顾客看重什么 |
| 定义、测量、分析、改进、控制和复制 | 发现、定义、开发和交付 |

第二章

# 服务设计的流程与要素

## 第一节　服务设计的流程

英国设计协会归纳出服务设计流程是双钻模型（Double Diamond Model），跟设计思维一样，是一个迭代过程。在“探索、定义、发展、发布”（Discover、Define、Develop、Deliver）过程中，不断回头看看，对标目标，进行测试迭代（图2-1）。整个过程出现“发散—集中……”两次往复过程。尽管不少著作及实践涉及了许多其他模式，无论Engine公司的“定位—构建—评估”流程、Live|work的“理解—创意—原型设计—执行”流程，还是斯坦福大学D-School的“同理心—定义—创意—原型—测试”方法、IEDO公司的3I设计创新方法，……即“灵感—构思—执行”（Inspiration—Ideation—Implemention），从根本上来说，这些模式的基本思想是相同的。本书按经典的双钻模型设计流程进行阐述。

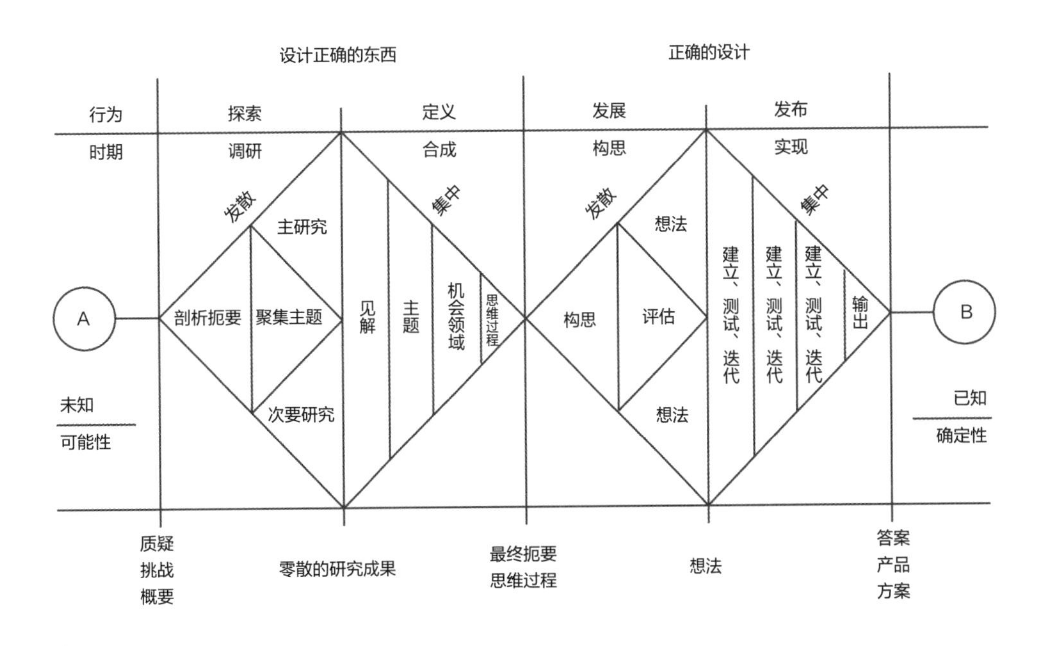


图2-1　服务设计流程的细化

### 一、探索

#### 1. 了解用户

美国IDEO公司服务创新部的领导人马克·琼斯（Mark Jones）说，设计过程始于人们对产品使用背景的了解，始于对用户体验的观察，这种观察是通过走进这个领域去观察用户，始于他们与产品的互动。Cultured Code公司的尤尔根·施魏策尔认为，作为设计者，我们希望马上开始设计，但克制自己非常重要。设计不要急于开始，先了解用户。

设计人员可以采用记笔记、画草图、录音、视频剪辑和拍摄数码照片等方式，捕捉所观察到的丰富细节，帮助解释和分享团队的发现。通过观察、访谈、问卷等定性、定量相结合的方法，质疑和解释所发生的事情。许多学科的特有工具和方法可以应用，结合人种志学以及行为研究以产生更深入的了解：用户参与什么，处于什么水平，遇到什么困难。了解用户过程中关键在于了解人与人之间、人与物之间、人与组织之间、不同组织之间的价值和关系的本质，这是服务设计时最核心的事。

除了观察、访谈、问卷等方法，需要设计师在设计项目时，按照产品/服务的使用流程，亲身体验。正如比尔·莫格里奇（Bill Moggridge）所说："体验一种经历的唯一方法就是去亲身感受它。"亲身体验将可能洞察到之前所忽视的细节，从而成为联系企业和顾客需求的纽带。

当然，在发现问题阶段，不仅仅要了解用户，还要理解企业对某一特定问题的态度，思考问题是否出在企业组织结构上，能否从现有和潜在用户的角度看待企业服务存在的问题，这对服务设计的成败至关重要。

### 2. 行业生态

设计师需要了解业务所在的行业生态与发展趋势，包括消费趋势、生活方式趋势、文化趋势、科技发展趋势等。可以采用PEST（政治Politics、经济Economic、社会Social、技术Technology）、基于PEST的衍生方法（SLEPT、PESTLE等）进行行业生态与趋势的分析。

可以优先选择行业头部产品、有话题性的产品和大公司出品的产品，从直接竞品、间接竞品（可关联竞品）及潜在竞品三个层面来进行[1]趋势分析。人们生活水平的提高，导致消费水平提高，生活方式也发生巨大变化。用户不再满足于购买产品本身，还希望享受增值服务，愿意为每次服务而付费。产品服务化的趋势，比如帮助用户DIY电子相册，推荐客户购买家庭电影幕布，度假村包含游乐场套票等，这些都体现的是技术的进步、用户期望的提升及商业的发展。随着产品差异化程度降低，技术不断进步，消费者期望不断提高，企业的商业模式也从卖产品向卖服务，向用户提供更好的体验转变。科技发展更新换代越来越快，许多产品通过各种前沿的科技手段，如区块链、虚拟现实，不断进行升级和迭代。许多老产品在互联网加持下重新焕发生机。

## 二、定义

### 1. 明确用户群体与利益相关者

思考目标群体是哪些用户，了解目标用户的群体特征，将用户的行为特征和心理诉求沉淀成通俗易懂的素材，以此作为产品和设计决策的指引。思考目标任务完成时涉及的角色，即目标用户在完成用户旅程图中的任务时产生交互、影响任务流程的利益相关者。

[1] 腾讯公司用户研究与体验设计部. 在你身边 为你设计Ⅲ——腾讯服务设计思维与实战[M]. 北京：电子工业出版社，2021：31-32.

### 2. 总结用户的真实需求

基于观察、访谈或其他人种志学研究方法，发现用户的真实需求、目标和动机，经过精心挑选，评估衡量为用户提供服务的潜在价值，明确设计驱动因素。我们可以通过用户同理心地图、服务价值主张、用户旅程图等方法发现许多改善点及创新契机点。

### 3. 确定体验推动因素和设计目标

在制订落地计划的过程中，经常会遇到何者应优先、何者重要等问题，导致进度停滞不前。因此加入评估与筛选机制，考量执行的有效性、可行性以及员工契合性，帮助团队决定业务及推动创新体验功能的优先顺序。仔细研读服务提供者的品牌战略，思考如何将其传递给用户，定义体验推动因素是什么？比如品牌给人的视觉刺激（形状、颜色、质感、标识等）、触觉刺激（材质、肌理）、交互刺激等，希望通过一系列的产品、服务、媒介形成品牌与用户之间的情感连接，给用户形成怎样的印象。基于这些再来思考我们能做什么，确定设计目标。依据用户旅程图中用户情绪体验曲线图，分析在哪个阶段需要优化，采用怎样的优化模式。

如果度量标准是预先商定的，它就会更容易将定量研究和定性输入联系起来，通过设置明确的约束，来处理和验证数据的策略，以此使研究和分析的过程更有效。由此，团队对服务设计目标要能达成共识、达成协议。设计定义阶段的关键在于构建和理解设计目标，预先明确度量标准。对观测得到的结果进行分析，并总结出几个主要的设计主题。在这一阶段采用可视化的服务设计方案展示与分享，如故事讲述（Storytelling）、图片、视频等，有助于给主要领导和员工创造参与感，有助于产生更多的合作伙伴和继续发展的势头。

## 三、发展

发展阶段是多学科、多人共创的概念形成阶段，通过筛选采用视觉化方式表达设计概念。

### 1. 共创

服务设计呈现了重要和广泛的社会化设计应用，让更多的人参与到设计过程中来。服务设计思维的方法能够发掘潜力、发挥自由的创造力，并在集体和合作的背景下进行，达到持久、可持续的目标，并创造出更多令人兴奋和充满活力的未来。如果经过很好的设计和考虑，那么产品服务体系和服务可以为整体价值定位和由组织提供的满足用户需求的产品做出主要的贡献。在社会化设计中，服务设计思维方式广泛存在，它思考（产品或过程）设计什么，为什么设计以及如何设计才能满足社会变幻莫测的需求。

在服务设计中经常采用便利贴的方式帮助团队成员与共创者进行头脑风暴（图2-2）。这种方式简单而又快速，将设计过程具体化，可以图解又帮助记忆。在发掘问题和形成深入见解的基础上寻求解决方案；在考虑用户的需求、动机和期望以及考虑服务提供商的项目进展和制约条件下，思考一系列接触点的用户体验。

图2-2 共创

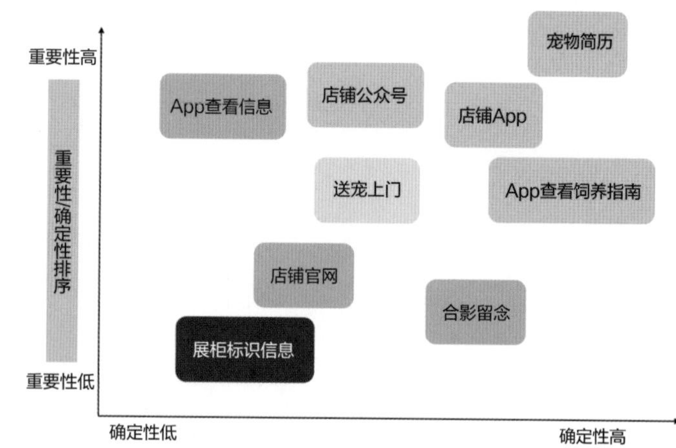


图2-3 重要性/确定性排序（朱赟龙绘制）

## 2. 初步筛选

共创后产生的一系列创新点子，可以采用DVF筛选法进行初步筛选。主要从三个方面考虑：①确认用户合意性：概念是否是用户真正需要的？是否解决他们最急迫的痛点？用户现在使用的是什么解决方案？提出的新概念的优势是什么？②确认商业可行性：可以从这一解决方案中盈利吗？用户愿意为它花多少钱？用户想通过什么渠道使用这个解决方案？这项解决方案为何值得用户更频繁地使用？这项解决方案为何值得用户传播分享？竞争对手可以复制这个解决方案吗？③确认技术可行性：哪些概念对于技术实现是有挑战性的？是否有技术风险？是否契合服务的品牌？服务设计思维将科技和人、人和商业、商业和科技结合在一起。科技与市场相悖时，会设计出并不符合用户需求的产品。

当然也可以从社会、经济、经济（SET）分析可行性，或从其他类似的经济、社会、科技（PEST），社会、法律、经济、政治、技术（SLEPT），政治、社会、经济、技术、法律、社会（PESTLE）等角度考虑。之后，可以应用重要性/确定性将可行性较高的概念进行排序（图2-3）。其中重要性高又能预估效果的概念可以优先推进执行，重要性低但能预估效果的概念可以将优先级降低，重要性低且效果不确定的概念暂时删除，重要性高且对于效果的确定性比较模糊的概念需要进一步进行概念的优化和深入的研究。

## 3. 视觉化

个体对世界的感知比以往任何时候更依赖于视觉冲击。我们每个人都靠图解来了解我们周围的世界。通过可视化的服务设计方案展示与分享，方便团队成员及早测试，收集用户反馈不断改进。就如亨利・贝克（Henry C. Beck）创造了所有公共交通地图的原型，他在设计伦敦地铁交通图时利用电子线路板的几何学知识，为地铁站找到了合适的地理位置表达方式。他把电缆线和公共交通两个不同的主题结合在一起，通过视觉抽象将复杂的系统变得容易理解、更易接近。视觉化可以采用草图、模型、示意图等多种方式，探索各种可能的解决方案。

在解决方案方向基本确定后，需要制作原型进行初步模拟。原型不是艺术品，并不需要完美。只要能快速方便地展现概念特征，帮助我们有效获得用户反馈即可。在产品开发的不同阶段，采用不同保真度的原型。在刚开始设计创意或产品需求初始阶段，低保真的草图可以快速将我们想象中的产品雏形视觉化。依此原型，结合用户研究，团队可以理清想法，验证需求的合理性，进一步洞察并明确设计方向。在产品修改阶段，可以采用中保真原型，聚焦于完善和测试产品及服务细节。在项目落地和最终产品测试与确定阶段，一般会采用高保真原型。无论外观、功能甚至成本，高保真原型的产品都非常接近最终产品。

### 四、发布

#### 1. 测试与迭代

在发展阶段提出了许多创意和概念，就需要对概念方案进行一一测试了。服务设计思维的一个主要特征是不回避错误，而是通过测试尽可能多地发现问题。注意不要太快投入大量的时间和资源到任何一个实验性的想法中。与概念实施之后的失败造成的损失相比，概念设计过程中多重复一次的成本是不值一提的。测试时经常尝试新的想法，甚至从失败中汲取经验与教训，从而激发一个未知的、意想不到的方案。测试实体产品和数字系统时，通过建立模型并以少数用户和专家为对象测试模型，收集反馈意见并不断改进模型，直至达到用户和专家的期望。而测试虚体的服务时，以连环画、故事板、录像或图片序列的形式为用户提供一个可想象的故事，有助于激发用户的情感共鸣。

#### 2. 发布与实施

在通过最终测试后，产品或服务获得批准并对外发布。对于实体产品或数字系统发布时，要通过说故事、讲情怀，打动消费者。对于服务，则不可避免需要按顺序实施，通过服务蓝图的方法阐明这些流程的标准方法，通过服务系统图体现服务过程中的信息流、物质流、资金流。

当服务设计从战略层面转向实施层面时，往往由于服务设计方案改进是渐进式的，服务改进后的结果并不显著，难以跟进实施等因素，导致服务设计师对创新过程极度关注却失去了服务实施的把控，从而未能贯彻实施服务设计方案。在组织层面上，从宏观上把握改进的流程和可交付成果是十分重要。由此，一方面服务设计咨询公司要建立一个跨学科的团队，或者可以维持一个可信的分包网络，能够提供服务设计之外的设计能力，如图形设计、空间设计、产品设计、业务规划和变更处理等；另一方面服务设计咨询公司可以与公司签订合作伙伴关系合同，使双方可以继续就服务设计项目开展延续的合作。唯有如此，才能立足于战略层面，创建一个可持续发展的商业命题，并在复杂的转变过程中起主导作用。

## 第二节　服务设计的原则

服务设计的五大原则最早是由《这就是服务设计思考》（THIS IS SERVICE DESIGN THINLING）一书中提出来的（图2-4）。以用户为中心、考虑全局、共同创造、按顺序执行、实体化五大原则体现了服务设计流程、方法、成果的特点。

以用户为中心　考虑全局　共同创造　按顺序执行　实体化

图2-4　服务设计五大原则

## 一、以用户为中心

服务设计最基础的原则就是要求以用户为中心，从用户体验的角度去审视整个服务系统，好的服务应该来源于用户需求，同时也应该超越用户需求，达到让用户感动的程度。服务设计的价值与一种系统的改变相关联：从根植于过去的数据到通过理解人们需求、发现字里行间言外之意、聚焦未来而发现的机会。虽然对用户的统计描述很重要，但是真正了解习惯、文化、社会背景和用户的动机也很关键。单纯的统计描述和对用户需求的经验性分析，无法真正了解用户。只有应用一些方法和工具让服务设计者很快站在用户的角度，了解他们的个人服务体验，以及这些体验的背景，才能获得真实的用户洞察。

19世纪70年代妇产科医生斯蒂芬·塔尼受小鸡孵化器的启发，发明了人类使用的“育婴箱”，让美国婴儿的死亡率下降了75%。但由于该育婴箱结构复杂，容易出现故障。而非洲地区基础条件落后，很难获得专业人员和专业配件，因此并没有带来非洲婴儿死亡率的下降。一个美国大学生天才式地改进了该产品，命名为“育婴箱”（NeoNurture）（图2-5）。他们利用未充分使用的资源（旧汽车零配件）来实现养育早产儿这一至关重要的需求。这款育婴箱设计中：旧汽车前灯用于供暖，提供热量；仪表板风扇保持空气循环流通；车门蜂鸣器和信号灯组件可当作报警系统，当供暖系统出现问题时可提醒婴儿护理者。育婴箱还可以由摩托车电池供电。如果育婴箱坏了，一个汽车修理工就能修好它。再如，乘车不系安全带在不少地方屡禁不止。在巴西，乘客只有系好了安全带，出租车内免费的Wifi才能够自动被连接，从而保障乘客安全。由此可见，不同地区的用户背景不同，需求也有所不同。以用户为中心，应以一定场景中的用户为中心。

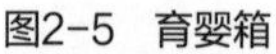

图2-5　育婴箱

## 二、考虑全局

服务设计需要注重全局的思考，服务设计不仅仅关注于“用户端”，同时也需要关注“组织端”。我们说的系统性不仅仅是指服务框架的系统性，也是指每个触点背后的系统性，每个接触点相关的前台与后台的工作，每个接触点背后所需要员工提供的服务，所涉及的渠道商等。比如服务设计中对服务的整体架构进行设计（如用户旅程图、服务蓝图），对各种资源进行整合（服务系统图），对各类利益相关者进行重组，实现效益的最大化。服务设计具有系统性，包含了众多不同的影响因素，因此服务设计具有全局性视角，需考虑系统中不同利益相关者的需求。

[1] 李欣宇. 突破创新窘境[M]. 北京：人民邮电出版社，2021：136-137.

用户下意识地用不同的感官感知环境的意识对服务本身的体验有着深远的影响。通过服务历程，绘制出不同用户、不同利益相关者在不同场景下由于感官体验引起的情绪变化过程，有助于从全局角度发现并疏通痛点。李欣宇在其《突破创新窘境》一书中，提出了用户情绪的五“心”模型[1]，让用户历经“心驰神往—心定神安—心动瞬间—心意暖暖—心心念念”，在最初让用户对产品、服务产生向往，让用户相信品牌，让用户心动，让用户获得良好的体验后，让用户爱上、忘不掉。用户在体验的过程中，有起意，有心暖，有高潮（图2-6）。

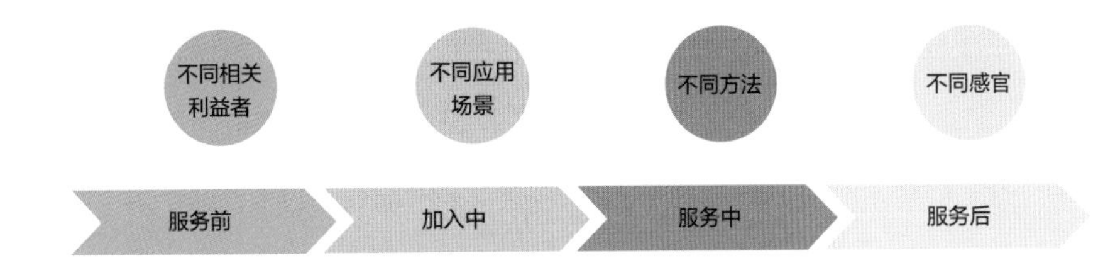


图2-6　服务设计的全局思维

## 三、共同创造

设计团队采用共同创造的设计方式，注重不同用户群甚至服务提供者的过程体验，发现特定环境下的资源和用户需求，综合考虑各个相关利益方需求，从而更理解产品和服务，提供满足各方需求的系统化解决策略。在“人人都是设计师”的时代，不仅仅设计师对产品有话说，用户、经销商、生产商等相关利益者对产品与服务也有各自不同的理解。埃佐·曼奇尼（Ezio Manzini）在《设计，在人人设计的时代》一书中指出：人人生来都有设计的能力，但并非每个人都是合格的设计师。通过协同设计过程（Co-design Process），使得大众设计向专业设计转变。马克·斯蒂克多恩（Marc Stickdorn）提出：“人人都有创造力，我们应该激发用户、设计人员、服务提供人员、管理者等角色的创造力一起设计这个服务。经过多方共同创造的服务可以帮助服务提供人员和用户更好地交流，可以提升用户的忠诚度和员工的工作满意度。”比如小米手机在开发的过程中，不断吸收米粉们的建议，实现小步快跑，快速迭代。服务设计关注价值的创造，越来越依靠合作体系的建立，而不是传统地对专业知识的储备，因而重点是要考虑谁需要与谁合作，以创造能满足需求的迷人体验。对原本关系复杂的合作伙伴的成功整合是促成最终成功的重要因素之一。共创工作坊（Workshop）前招募多种类型的角色参与到内部的协同创新，以提供更好的跨界观点，对于挑战提出多维度解决方案。需要脑子快、表达能力强、有创造力、兼具批判性思维和建设性思维的人参与其中。一般由五类人参与：客户是产品和服务的受益者，专业人员提供行业的实操经验，专家教授有深度和广度的学术见解，意见领袖有对核心用户和种子用户的影响，艺术家往往有不按常理出牌的意外收获。

服务设计面对各个顾客群体，每个群体都有不同的需求和期望。服务设计还面对不同的利益相关者，比如说：前台职员、后勤员工和经理等。在服务设计流程中，团队需要涉及用户和其他参与探索和明确服务定位的利益相关者。用户的角色可能根据参与的性质有所不同，积极地参与可以帮助用户解决设计挑战；消极的参与指的是设计师不用直接接触用户团体，而是直接分析用户数据。在服务设计的共创中，更多是用户积极地参与到设计过程中。一个成功的服务设计项目需要尽早在项目发展过程中整合利益各方。服务设计者有意识地创设出一种环境，运用不同的方法和工具以促进参与共创的利益相关者群体产生和评价想法。而这个过程中的共创促进了利益相关者之间的良性互动，用户有机会为服务增加价值，服务提供商也获得用户的真实需求，提高用户忠诚度，促使用户长期参与服务过程。在战略层面上使用服务设计的共创，可以让各个部门跳出自己的角色和角度来看待产品创新或想要传递的服务主张，帮助不同部门之间建立更好的一致性，使得所有部门都知道该在哪里集中精力，从而更及时地将产品或服务推向市场。

## 四、按顺序执行

当设计服务时，关键是思考服务的时间线。服务设计需要有逻辑性、有节奏地以视觉化的方式呈现出来。除了服务设计的内容，服务的过程与节奏也是同样非常重要的，它会影响到用户在整个服务体验过程中的情绪与所感知到的价值。在机场登机的整个服务过程中，要考虑到用户的登机顺序及流程，每一个环节所需要的时间、场地要求等，如果在某一个环节等候太久就会让用户觉得非常急躁，如果过快也会让用户觉得有压力。同样的，下飞机后的节奏也是需要把握的，为什么大型机场下了飞机往往要走那么远，有时还有免税店，是为了让顾客可以取出国前买好的免税商品，还可以再买一些。这一方面最大化获取商业利益，另一方面也可以减少顾客排队等候取行李的焦虑感。再比如新加坡樟宜机场就如全球知名的“花园中的城市”新加坡一样，也拥有大片绿色空间和郁郁葱葱的花园，为长途跋涉的旅客提供休闲放松之所，即使是取行李处也是郁郁葱葱，让人在等待中感受自然的美好（图2-7）。因此，服务设计思维用类比舞台剧的方法，将服务过程解构成接触点和互动过程。当这些画面进行组合时，就会创造出服务时刻。每个服务过程都要经历三个步骤的过渡：服务前期（与服务取得联系）、真正的服务期（用户真正体验时）和服务后期。服务设计要考虑好服务流程的每一个环节的节奏，做精准的节奏控制，用户情绪的调整，使这个过程中有暖心，也有高潮。

## 五、实体化

实体化的物品与证据，它应该使无形变得有形。服务设计不仅仅是意识流，也需要将设计的构想表现出来。服务是一个无形的概念，但必须通过一定的载体才能传达、表现出去。在哈啰出行系统中，自行车就是一个物理的载体，通过设计思路和方法去解决服务中各种问题，或者让服务的各种特征显性化，产生能够被用户所能感知的有形的产品和无形的服务，将无形的价值通过有形的方式呈现，让用户能够直接感触到，并引起用户共鸣，这就称为服务的显性化（图2-8）。我们在入住酒店的过程中，在厕所中用折角的折纸表示这个纸是已经被整理过的，在床单上放一支玫瑰花或者一个毛巾折的象形物就表示这床单和床具已经是清洁如新的。通过一种直观的、能看得到、触摸得到的实体化服务痕迹，让用户感知服务的存在，将无形的服务用合适的语言和表

图2-7　机场有节奏的服务

图2-8 软硬件结合的哈啰出行服务系统

图2-9 服务显性化的毛巾折叠

达方式呈现出来（图2-9）。通过实物化的情感联系，如旅游纪念品，可以提高用户对所接受的服务的感知，延长服务体验，甚至可以延长到服务后期。

# 第三节 服务设计的利益相关者

服务设计的首要原则是以人为本，采用以人为本的设计方法来解决框架问题，促进信息采集和理解，构思解决方案，进入到发展与评估阶段。与传统的产品设计不同的是，服务设计注重从相关利益者的角度来思考。设计流程中的相关利益者既可以是用户，也可以是服务过程中涉及的前台服务员、后台后勤人员、系统技术员，还可以是产品涉及的制造商、营销人员等，还可能涉及商业、组织、教育、政府等要素。通过专门知识解释和说明技术解决方案，帮助定义主要的用户特征，或通过展现产品的视觉外观，使利益相关者参与设计流程。

## 一、以4E为核心

服务设计在营销中典型的“4Ps营销组合理论”（产品Product、价格Price、促销Promotion、和渠道Place）基础上（图2-10），添加了参与者（Participant，涉及服务的人物演员）、流程（Service Process，程序、机制和活动流程）以及物理实物（Physical Evidence，物理环境和有形线索），甚至还增加了生产力和质量（Productivity and Quality）形成了8Ps营销理论。服务也开始从用户的角度出发，强调服务的质量，强调价值的创造。

服务设计更关注4E：体验（Experience）、参与（Engagement）、效率（Efficiency）和赋能（Empower）（图2-11）。其中，体验：设计考虑的是全链路环节的有用、可用、效率、美观、舒适，全方位、全过程地让用户“爽”。参与：不仅人与物之间互动，还是人与人、人与环境、人与社会的互动，在设计中、使用中、使用后用户都可能参与。效率：设计需要细化用户场景和行为，降低用户行为的不确定性，提升用户行为的自由度，减少浪费时间与精力。赋能：弄清关键问题，提升产品价值，赋予产品意义，做出差异化的创新。

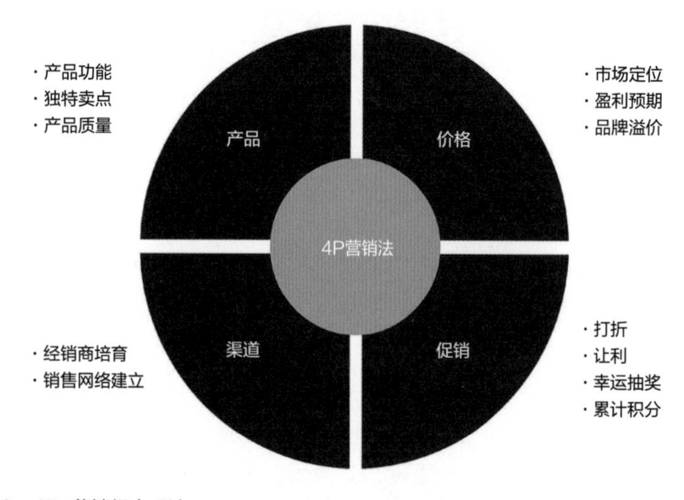


图2-10　4Ps营销组合理论

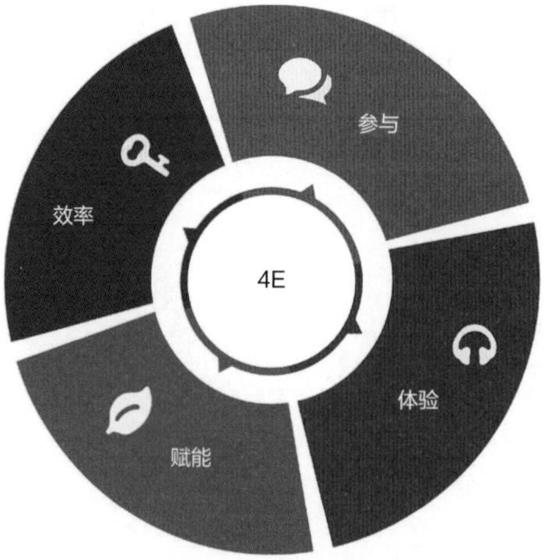

参与
效率
4E
体验
赋能

图2-11　服务设计的4E“以用户为中心”

## 二、利益相关者关系

利益相关者分析图是将与特定服务相关的利益相关者和参与者以图形化的方式呈现，将关键人物连接起来，以理清彼此的关系。在界定的领域内，连接所有相关人员的交互关系，包括使用者、服务提供者、其他合作单位等，或者发现之前不被重视的角色其实对其他角色有很大的影响力，经过不断的修正利益相关者地图，推断真正重要的组成角色。其优势在于可以用视觉化的方式将复杂的局面可视化，并展现出各方的具体需求和资源的配置。利益相关者分析图有助于直观地了解设计项目中的主要人物，并为与之交流、为以用户为中心的研究和设计开发做好准备。随着设计过程的逐步展开，在规划、界定范畴和定义阶段，确定关键人物至关重要，因为这可能会直接影响设计成果。利益相关者的概念打破了传统工业设计思维中的“用户——企业”关系的概念，体现了服务设计系统交互的特征。

在整个项目开发过程中，利益相关者分析图可以引导设计小组与利益相关者适当沟通，了解有哪些参与者以及这些人与组织之间的相互联系。这种方法主要用于“发现”和“发展”阶段。利益相关者分析图的方法步骤如下。

### 1. 起草利益相关者清单

通过访谈、桌面调研等方式，尽可能包含涉及的所有利益相关者。实际情况是当罗列出所有的利益相关者时，数量往往超过服务设计师们的预期，是否要将所有的利益相关者置于一张图中，服务设计师们需根据项目情况进行调整，确定这些利益相关者是否对实施这个服务而言是极为重要的。

### 2. 重要性排序

一旦完成清单，可以根据重要程度进行排序，先不考虑重要程度较低的利益相关者。将某种服务或某个服务系统中的利益相关者数量控制在十个以内为佳。可以通过十字分析法，进一步梳理分析利益相关者需求优先程度与重要程度。作为价值链替代物的价值网络，关键是要看清重新配置各相关利益者的作用和关系所蕴藏的潜能，以促进相关人员创造新的价值。如果碰到不可忽略任一利益相关者的情况，则可采用核心圈、外围圈的做法来加以区分（图2-12）。

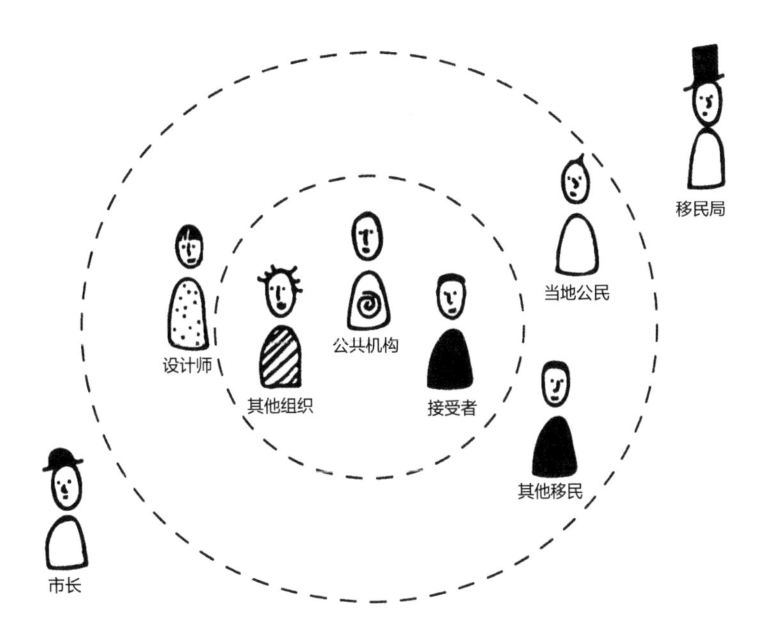


图2-12　利益相关者地图

### 3. 梳理相互关系

接着工作重点即转向分析这些团体是如何相互联系在一起的，以及他们又是怎样相互作用的。特别要弄清楚对这些参与者来说利益是什么？获取利益的动机是什么？这不仅有利于企业的服务资源分配和服务扩展，同时也可以发展复杂服务关系中被忽视的利益相关者。一个全面清晰的利益相关者分析图可以全面提高服务关系的配合。

### 4. 绘制地图并寻找机会点

最后绘制利益相关者分析图，如果有需要，找出其中的机会点，并在图中加以强调。

尽管利益相关者分析图形式可以多样，但都应该明确指出内部利益相关者和外部利益相关者，确立他们对手头项目的相对重要性，同时要详细指出他们之间的相互关系。通过利益相关者分析图，找到存在的问题并分析潜在的改进机会，服务提供方在应对问题或是扩充服务时就能更有效地配置资源。探讨用户作为价值的共同创造者时，关键是转变对参与人的统筹安排，从以公司为中心转变为以用户为中心，同时要考虑选择不同的利益相关者带来用户价值的提升。

## 三、利益相关者角色转换

利益相关者角色并非一成不变，有时角色转换后会有意想不到的效果。在服务系统中，可以采用角色转换与升级方式，赋予相关人员更多的权利与义务，激发角色的自主性。在韩国，连续10年没有一起交通事故的出租车可获得“模范出租车”称号。模范出租车属于高级出租车，一般都为黑色，其车顶上的车灯旁边写有“豪华出租车”（Deluxe Taxi）的字样。模范出租汽车不仅司机开车水平过硬，还提供更为高质的服务，可以使用车载电话，车费也要比普通出租汽车要贵。政府赋予模范出租车司机全新的职责，在交通拥堵的状况下，模范出租车司机可以辅助交警疏导交通。模范出租车司机，拥有更好的收益，更加受社会的尊敬，不但节约了社会资源，并且鼓励更多出租车司机安全驾驶。

儿童作为玩具的主要受众，若成为玩具公司聘请的“设计师”，则会从儿童视角对玩具提出建议与想法。2016年12月，乐高集团首次举办了乐高好朋友系列设计比赛。这是第一个面向孩子的创意征集项目，旨在鼓励小朋友通过细心的观察和联想，发挥无穷想象力，展现女孩生活的丰富场景，创造出属于自己的乐高女孩系列套装。最终来自伦敦的赛琳娜（Sienna）凭借源于生活的创新构想从中脱颖而出，赢得了比赛，并前往位于丹麦比隆的乐高总部，展开为期一周的创意旅程。在这里，赛琳娜和乐高设计师一同挑选合适的乐高颗粒，增加冰激凌推车等细节，将自己的创意构想变为真正的乐高产品。赛琳娜为自己的小人偶亲自挑选了与自己发型相似的棕色短发，搭配蓝绿色的短裙——蓝绿色是她最喜欢的颜色。套装中不仅有赛琳娜最喜爱的攀岩墙，甚至连赛琳娜奶奶的新宠物狗皮帕（Pippa）也出现在其中。乐高设计师里卡多·席尔瓦（Ricardo Silva）表示：“她的许多想法都来源于生活，既具有原创性又很吸引人，丰富有趣的设计细节也大大增强了美感，展现了小朋友无穷的创造力。”乐高好朋友系列是乐高玩具深受全球女孩欢迎的经典产品线，讲述了5个女孩在心湖城的生活与友情故事，通过个性鲜明的人物形象、真实生动的生活场景、精美的细节让喜爱乐高玩具的女孩仿佛置身心湖城。小朋友除了可以用乐高颗粒重现心湖城女孩生活、工作、玩耍和度假的丰富场景，还可以尽情发挥想象力，创造自己的友情故事。

# 第四节　服务设计接触点

服务设计中一个重要的概念是接触点或者说触点（Touchpoint）。研究者丹尼尔·萨弗（Daniel Saffer）认为，接触点是存在于用户和服务系统之间的核心要素，通过时间、使用情境、行为、心理等维度建立起用户和系统之间的体验链。想想能够查询自己银行账户余额的不同方式，你可能会打电话询问银行工作人员，或者直接由智能手机App或个人电脑进行查询，或者去自动取款机（ATM机）或者银行柜台查询。这些都是属于你作为用户时跟银行之间的接触点。这些接触点可以是实体（ATM机），可以是数字媒介（手机App、网页），还可以是服务人员（银行接线员、银行柜台人员），物理接触点（Physical Touchpoint）、数字接触点（Digital Touchpoint）、人际接触点（Personal Touchpoint）（图2-13）。

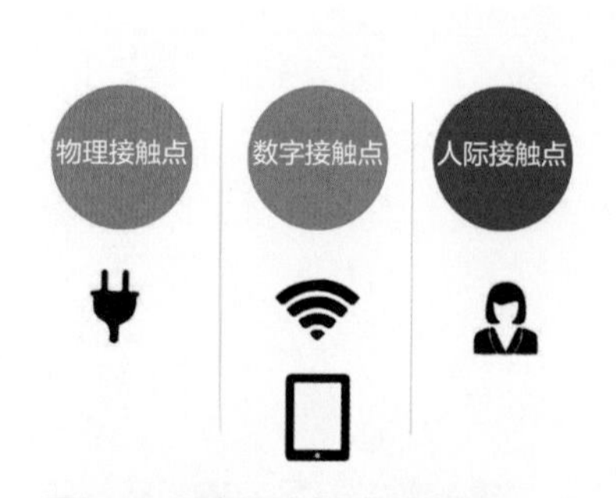


图2-13　服务设计中的接触点类型

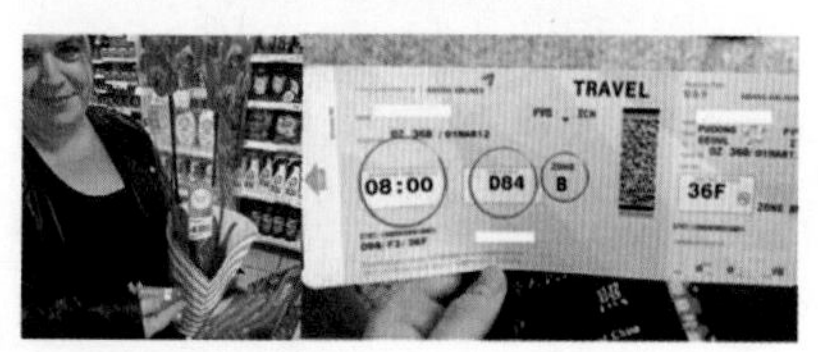


图2-14　物理接触点

## 一、接触点类型

### 1. 物理接触点

顾名思义，物理接触点是服务过程中可以看得见、摸得着的物品。信息查询机、超市购花时小小的纸袋、办理入住时的旅客信息单、登机牌都属于物理接触点。即使只是机票上用红圈标注三个关键信息：登记时间、登机口、座位号，也是接触点的改良与优化（图2-14）。

物理接触点是狭义设计的主要范畴。比如，澳大利亚奇伦托夫人儿童医院导视系统作为服务设计战略的一个重要组成部分，进行了系统优化（图2-15、图2-16）。新的导视系统提供了很好的导航提示，墙壁和地板上采用高对比度的颜色块，在一些如电梯厅

图2-15　澳大利亚奇伦托夫人儿童医院外观与大厅

图2-16　澳大利亚奇伦托夫人儿童医院色彩识别

和入口的关键点上放置导航提示。色彩分区提供了医院内部进一步的结构优化，每一层均统一设置了一种色彩主题。内部标牌采用了雕塑式的独立数字，作为地标，有效地迎接着抵达的游客，同时利用大胆的颜色编码来突出它的存在，以创造一个更直观的寻路之旅上的工具目录地图。这一套导视系统各组件间相互呼应，向每一位到访者传达了大胆而又充满活力的医院环境美学理念，同时也旨在减轻小患者们就医时巨大的恐惧感和心理压力。

图2-17　Tesco的信用卡贴

2. 数字接触点

显示屏上的App、软件等数字接触点显示的信息，在信息时代已经越来越被用户接受，不少物理接触点正逐渐数字化。比如点菜系统菜单里各式各样的菜品，由于不受纸制材料的限制，可以加入各道菜的适合人群，菜中每种配料的营养价值，口味的强烈程度等具体信息，方便有过敏症状或者忌口的用户及时避开。通过数字接触点，在服务之后还能建立起更广泛的联系，提高用户的黏性，像太二酸菜鱼的会员中心，经常开展各类活动。通过扫码等方式，实现线下向线上的转换。芬兰Hellon服务设计公司为乐购（TESCO）公司开发了信用卡贴，方便没带实体信用卡的人付款（图2-17）。

3. 人际接触点

服务过程中与顾客接触的服务人员即“人际接触点”也会影响顾客对服务的印象。在韩国，从很小的便利店到高档的购物中心，礼貌待人、微笑服务是每个工作人员必须要具备的基本工作宗旨。无论客户购买还是不购买，无论怎么无休止地询问，服务人员都会不厌其烦地微笑回答，耐心讲解，让你能充分体验到“顾客永远是上帝”。阿里巴巴资深服务设计专家茶山曾讲过国外一家五星级酒店的办理入住环节。服务员先给客人递上一杯高档咖啡，在登记环节中，服务员说话的语气、与客人的距离，包括蹲下来的高度都经过了标准化的设计，这其中的每一个细节都会让用户感受到自己的尊贵，都体现了人际接触点的情感价值。

Hellon公司为芬兰Finnkino连锁电影院进行服务设计创新时，提出了为儿童举办生日聚会，不仅为小朋友提供爆米花等零食，活动期间的人员互动、拍照、主题电影角色扮演（Cosplay）等人际接触点都给小朋友们留下深刻印象。

太二酸菜鱼这家在全国酸菜鱼类排名第一的单品餐厅，进入餐厅时服务员的欢迎词是“吃鱼拯救世界”这样另类，空间中也是充满了“二”话语。每年的太二周年庆，他们都会举行一系列的线下快闪活动，比如2018年的太二中医馆、2020年的太二澡堂、2021年的太二发廊。太二将每个周年庆打造成与年轻消费者沟通的渠道与场景，并捕捉时代情绪。“坚持做自己，哪怕有点二”这种与当下年轻人相契合的价值观和态度，很能获得消费者的情感认同（图2-18）。

图2-18 太二酸菜鱼的氛围营造

## 二、梳理接触点的作用

服务设计虽然是系统性的思考，但是需要通过微小的接触点进行切入，在与客户的交流过程中，很多情况之下很难让客户可以看到这些点连成线的价值。譬如说在关系到给客户的递交物的过程中，有些软性的内容聚焦到相应的接触点，都是一些比较“小”的接触点，至于客户是否认为“小而美”，则需要通过另外的方式或者时间来证明。用户，在整个服务流程中可能会在不同类型接触点中穿梭（图2-19）。服务设计当中有很多各种类型的接触点，他们在服务的各个阶段的配置都是有比例的。好的服务设计，通过梳理用户旅程中的各个接触点，挖掘和寻求服务的黄金比例。

通过对诸多接触点的仔细考量来实现创新是非常有可能的。不停地追问“这究竟是谁的接触点”，很有可能发现改进的空间。服务设计就是要为服务执行选择最相关的接触点，并且从这些诸多接触点中设计出一个始终如一的用户体验。接触点创新的主要方面与客户完成体验之旅时这项服务给予他的体验密切相关。通过发现并改进服务链中接触点中的薄弱点，是最容易提高用户满意度的方法之一。

这是一个飞行体验的服务触点图（图2-20），从整体上看，像航空公司这样复杂的服务可能会有成百的触点。当服务设计师关注每个触点的用户体验时，同时也要关注触点间的连接，关注人们是如何获得服务的以及他们通过各触点连接起的旅程。服务设计师按照这样的流程，将会在每个点发现更多的细节，从用户与服务人员的角度进行设计。服务设计人员往往是出一套全局的解决方案，有时要针对不同情况对服务多个部分进行修改。例如：如果航空公司一直收到用户的差评，但却找不出具体是哪一个触点出了问题，这时可以试图从大的服务系统相关触点入手去寻找。

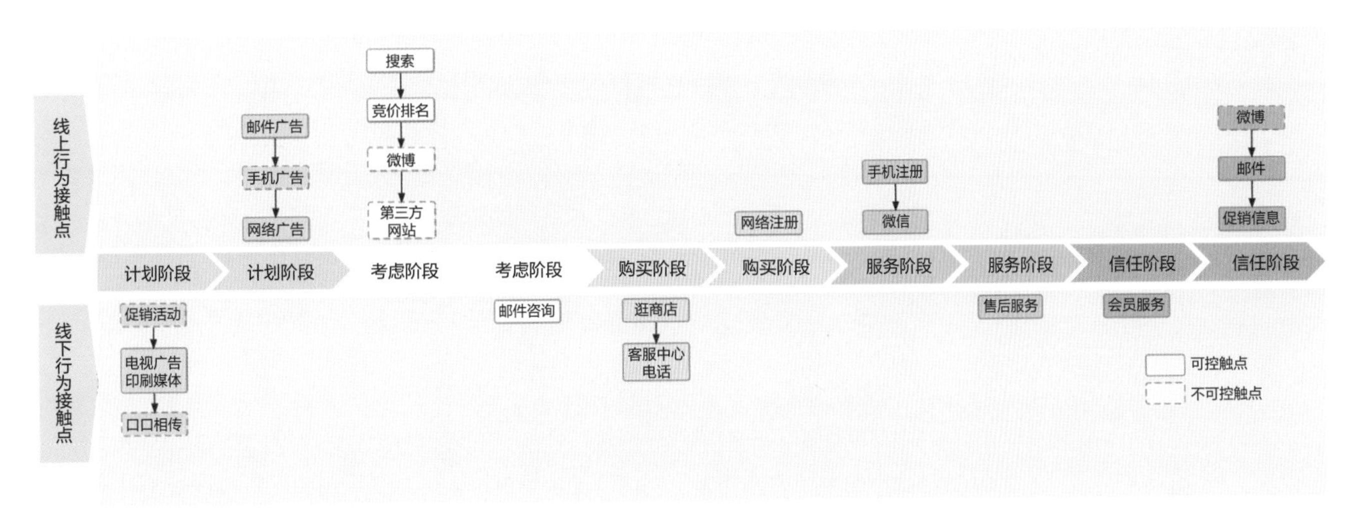

图2-19 购物行为中接触点的不断变化

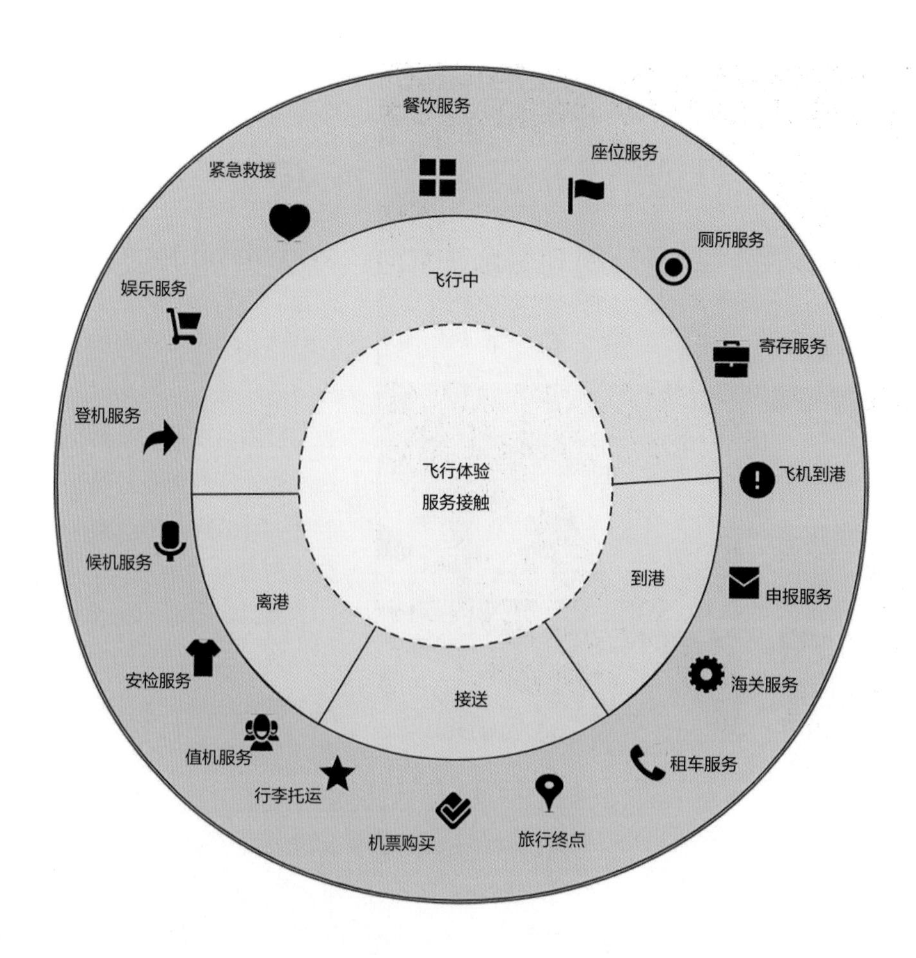

图2-20　飞行体验的服务触点

## 三、服务设计接触点优化的思维模式

### 1. 全局的思维

韩国最大的购物网站G market的搜索页面中输入“拖鞋”，下面会出现“室内拖鞋”“办公室拖鞋”等关键词。而在淘宝，同样输入“拖鞋”，里面出现的是“拖鞋冬、拖鞋男、拖鞋女”等。这里，我们可以看出服务设计思维角度的不同。在韩国，更加强调的是“使用场景”，如果你在网上买了一双高档鞋，他们会把鞋子直接送到你的办公室让你试穿，同时会带上大一号和小一号的鞋子。这个服务的全链路，为用户提供了更好的闭环的体验及服务。要做有竞争力的服务流程，不但要考虑线上的数字接触点，同时也要考虑线下的物理接触点和人际接触点等。服务系统不仅仅与实体产品密切相关，更是企业理念定位的体现。用户在与一系列接触点的互动中理解着品牌，也在使用某项服务、某个产品后回忆评价体验，建立对品牌的印象。服务设计需从全链路视角，从功能层面、情感层面、自我表达层面优化接触点，建立统一的企业品牌形象，创设出有特色的服务体系。

### 2. 局部的优化

依据前期调研、梳理用户与系统互动的系列接触点发现用户需求，依据品牌诉求，从商品或服务主导逻辑出发，选择合适的接触点进行优化。很多人认为服务设计就要全局化，就要考虑所有东西，好像服务设计就是一切，可以解决所有的问题，其实不然。

服务设计更多的是一种服务思维，去找一个合适的切入点，从这个切入点解决的问题和整个系统中的其他东西相互匹配。

# 第五节　服务设计体验优化思维模式

## 一、体验类型

按照美国经济学家约瑟夫·派恩（B. Joseph Pine Ⅱ）的理念，用户体验类型可以分为四种：娱乐体验、教育体验、逃避现实体验和审美体验（图2-21）。横轴表示人的参与程度，一端代表积极的（主动的）参与者，另一端代表消极的（被动的）参与者。纵轴描述了体验的类型，或者说是环境上的相关性。一端表示吸收、吸引注意力的体验，另一端是沉浸体验，把消费者变成真实经历的一部分。比如玩虚拟现实的游戏，就是使人沉浸在体验中了。而让人感觉最棒的体验涵盖这四个方面（也就是甜蜜地带），比如迪士尼游乐园。

## 二、用户体验优化模式

在调研分析时可以发现设计机会点，但是并不是所有机会点都要优化。可以记录整个用户体验过程中的用户情绪，绘制用户体验情绪曲线图，从而初步分析在哪个用户体验阶段需要优化。本书在桥中设计咨询管理有限公司提出的十种优化模式基础上进行了删选（图2-22）。

### 1. 填平波谷

找到用户在整个流程中的情绪低谷点，优化相关接触点，使得该接触点至少达到基本满意的要求。曼哈顿某医院联手GE公司一起设计儿童核磁共振器，除了保证技术，还

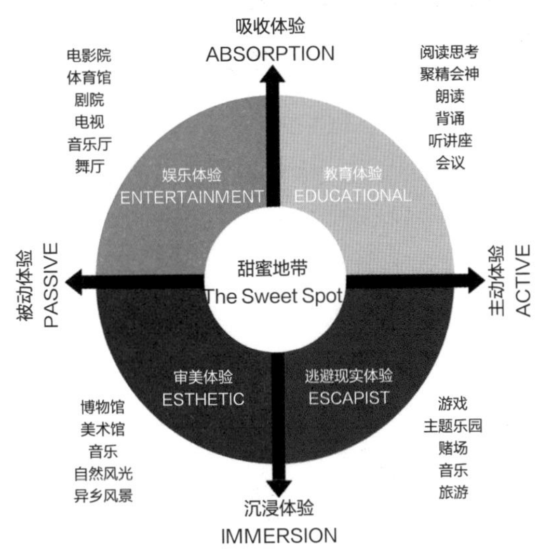


图2-21　用户体验类型

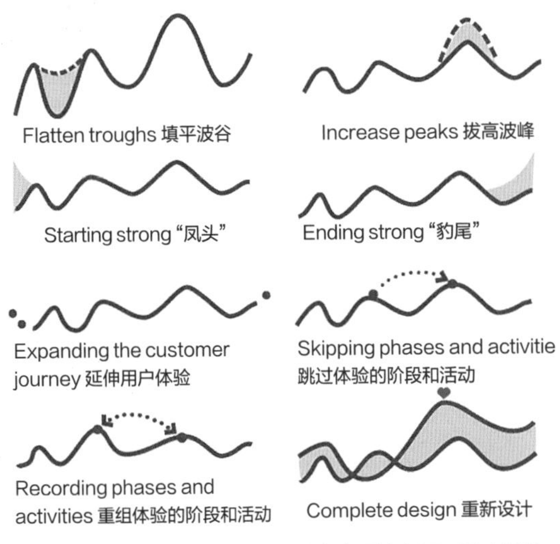


图2-22　用户体验优化的八种模式（图片来源：桥中设计咨询）

[1] 张凯，高震宇. 基于叙事设计的儿童医疗产品设计研究[J]. 装饰. 2018（01）：111-113.

可以让孩子减少对做检查的恐惧。医疗中心的设备外观、墙壁粉刷都用了海洋的元素，让人感觉就像进入了大海一样，轻松自由（图2-23）。孩子们不害怕画上去的海盗，他们甚至认为那是一只穿靴子的猫，家长也为此感到放心。医疗中心还设定了患儿在就医过程中的行为动作，积极使用角色扮演，使患儿在错位的体验中消除不良的医疗体验[1]。小猫扫描仪（Kitten Scanner）是飞利浦公司的一款小型扫描仪，可让孩子们扫描各种玩具动物并查看每只动物的身体内部构造，以便更好地了解即将进行的检查（图2-24）。该扫描仪可告诉孩子们在CAT（或CT）检查期间会发生什么。交互式角色扮演和讲故事的方式有助于阐明CT检查的各个步骤，并消除对孩子们对临床检查的恐惧与焦虑感。Buzzy玩具注射器也采用了类似的理念（图2-25）。产品的大小与普通鼠标相仿，其外表犹如一个滑稽可笑的卡通人。它能释放出冷气，同时产生振动和嗡嗡声，以此引起患儿的注意，在注射完药液后，医护人员将注射器置于患儿注射位置附近，用该止痛器械散发的冷气减轻注射处皮肤的疼痛感。而注射器生动有趣的造型可供患儿作为玩具把玩，以此转移患儿对注射的恐惧感。

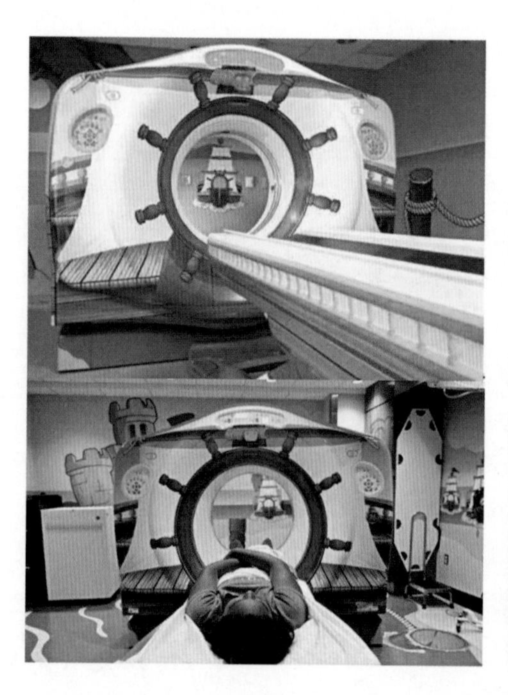

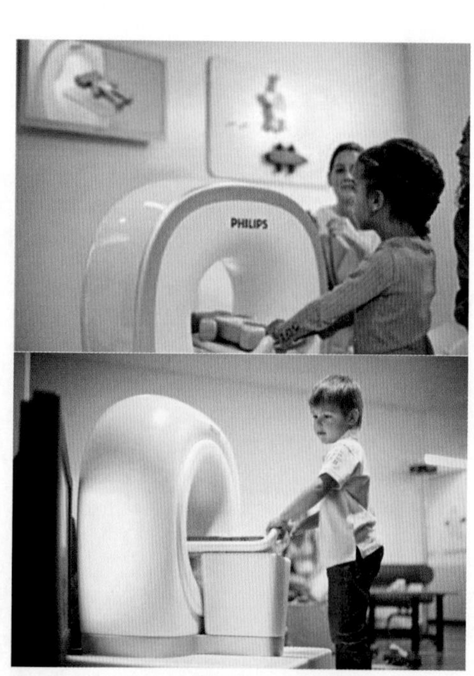


图2-23　GE儿童核磁共振器
图2-24　飞利浦公司的一款小型扫描仪

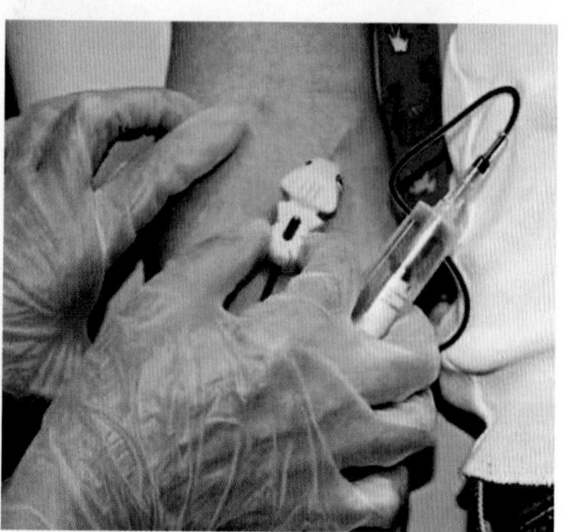

图2-25　Buzzy玩具注射器

### 2. 拔高波峰

在有的环节中，用户原本的体验已经不错，但由于它们往往是用户体验的主要环节，因此还可以将这些环节的体验再提高。比如，人们看电视电影、去游乐园本身是一种享受，但若能制作出更为精彩的节目，更为特别的项目来吸引用户，则更能增强用户的黏性。全球十大视频网站之一网络公司（Netflix）勾起了用户对其原创剧的期待。环球影城乐园中的"哈利·波特禁忌之旅"海报，惊险的飞行游戏增强了游客的愉悦度。该游乐设施连续5年荣获全球游乐设施榜首的殊荣，具有将真实感做到极致的超逼真影像（图2-26）。

图2-26　环球影城乐园中的"哈利·波特禁忌之旅"海报

### 3. 凤头

研究表明，在学习过程中，人脑对学习开始阶段的内容（首因效应）、学习结束阶段的内容（近因效应）记忆较好。由此应该重视服务过程中的头、尾阶段。例如，银行5分钟快速线上创建银行账户的体验，减少了用户线下的等待时间。

### 4. 豹尾

近因效应使得服务结束时的精彩瞬间也会让人印象深刻。比如现在国内4S汽车店在顾客提车时都会进行提车仪式，车系大红花、燃放鞭炮、送上一束鲜花、拍照留念等，让顾客在人生拥有一部车的重要时刻留有美好回忆，但也要注意不要过火，不要让顾客认为还不如车价便宜一些划算。

### 5. 延伸客户体验过程

在原有服务过程基础上延伸用户体验，能让人感觉获得更多的服务，感觉物超所值。例如，迪士尼提供寄存行李方面的服务，从而减少顾客进入迪士尼乐园前后行李寄存的麻烦。比如国际机场中乘坐国际航班安检后的购物环节，延长了乘客机场逗留时间，延伸了服务。

### 6. 跳过体验的阶段和活动

有些服务环节在现有技术条件下完全可以省略。比如，酒店退房时住客无需等待查房，可以直接离店，而住宿费用可以在平台上自动支付；根据用户的听歌习惯，利用智能算法测算和推送相应歌单，省去了搜索的步骤。VINCI智能耳机与传统的耳机不同，它不仅能够听音乐，而且是一台配备独立屏幕的智能设备（图2-27）。它首次在耳机中引入语音交互概念，支持通过语音播放音乐等操作，配套的算法把云端的音乐推荐服务和场景感知结合在一起，根据用户个性、心率、场景的不同推荐精准的音乐，此外Vinci头机还开创性地引入了“戴上就听，摘下就停”的特性。当然也要避免表面的智能化，通过实体操作能一步完成的就没有必要进行线上智能化操作。

### 7. 服务阶段和活动的重新排序

调整服务流程的顺序，比如一些特殊时段商家为了提高产品销量，允许试用后再购买。又如，玩具熊卫士可以在儿童紧握熊掌时监测其心率和体温，当传感器感应到儿童的触摸后，可在4秒内测量人的心率、血氧含氧量、体温等指标，随后将数据无线传输到父母手机上（图2-28）。

图2-27 VINCI智能耳机

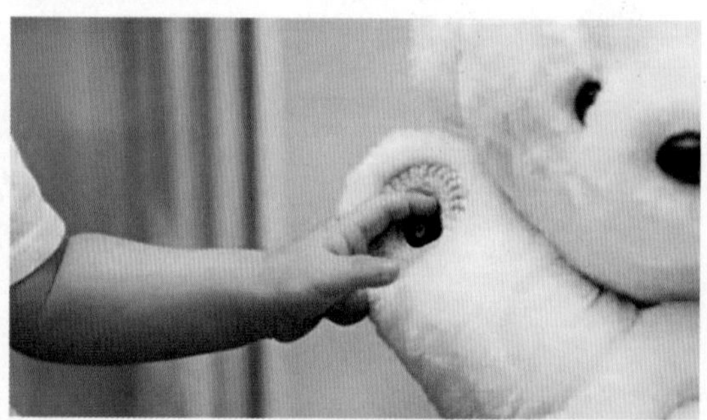

图2-28 玩具熊卫士测温系统

### 8. 彻底重新设计

作为共享经济先锋的爱彼迎（Airbnb），一度在崩溃边缘，但他们重新定义了房屋租赁的服务流程，精心策划全新体验，改变了一篇一律的房型图，客户在世界各地都能体验在家一般的舒适感，之后爱彼迎迎来了转机。这家让客人“租别人家来睡觉”的公司，提供公寓、别墅、城堡或者树屋等选择，为全世界的游客休憩提供了另一种选择。爱彼迎从为敢于尝试的人提供服务出发，让当地房主更愿意让陌生人住进自己的家里，同时也让客人更安心地住进当地房主的家中（图2-29）。

设计时，依据用户情绪曲线，可以选择几个接触点、多种优化模式（图2-30）。

图2-29　爱彼迎民宿

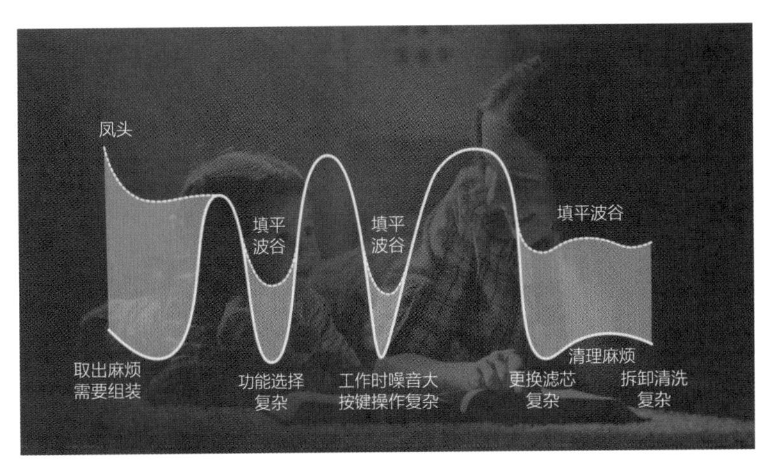


图2-30　依据用户情绪曲线选择关键环节进行优化

## 三、用户体验优化优先级

在用户接触产品或服务的整个过程中，可能有多个环节的体验需要优化。提升服务设计时，首先要消除用户的顾虑。例如，我们初次使用一个App登录某网站时，如果一开始就要填很多个人信息，那顾客很可能担心个人信息外泄，就放弃使用这个App或网站。还有当健身房销售人员劝你办卡，而你担心他们收钱是否会跑路，不敢充值。这些都属于用户的顾虑，需要先将它们消除，才有后续的服务体验。再比如腾讯公益为了让用户可以顺畅地完成捐款，整个流程严谨、透明，在设计“捐款”的关键任务中，在用户捐款前弹出“带公益机构财务披露信息的冷静期”弹窗，进行二次确认捐款，以减少用户的顾虑。

接着可以采用满意度十字分析法对已有的服务缺口进行评估（图2-31）。优先度依次为：需求不被满足且用户不满意（第三象限）需即刻改善；需求被满足但用户不满意（第四象限）需要提升；需求不被满足，但用户满意（第二象限）待满意；需求被满足且用户满意（第一象限）可以保持。

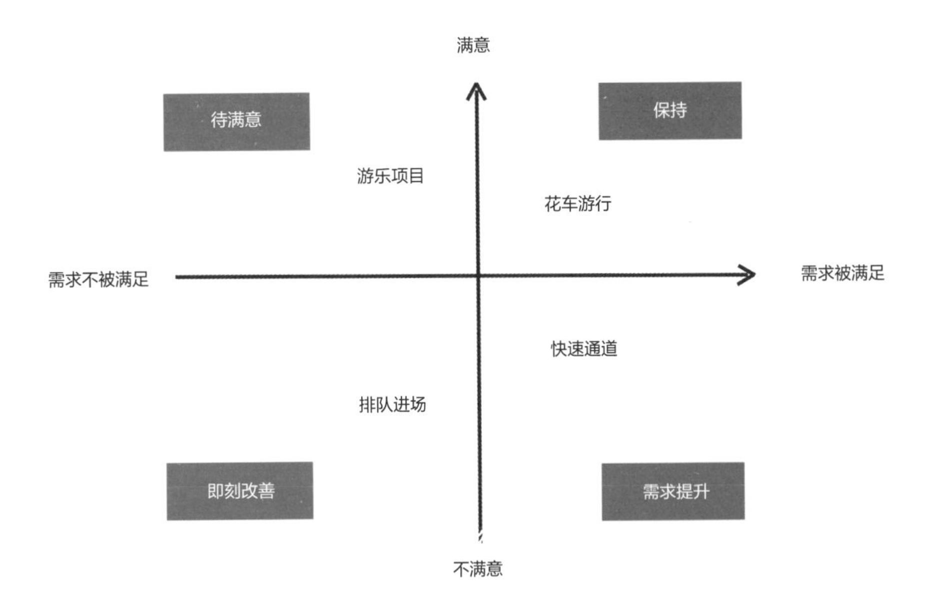


图2-31　服务缺口评估示例

我们还可以进一步采用Kano模型，协助自己了解不同的顾客需求属性，决定创新功能实施的优先顺序（图2-32）。在实际资源有限的条件下，该模型能够针对需求的类型对其加以区分，从而最大程度提高用户的满意度[1]。具体运用方法本书不做详细阐述。

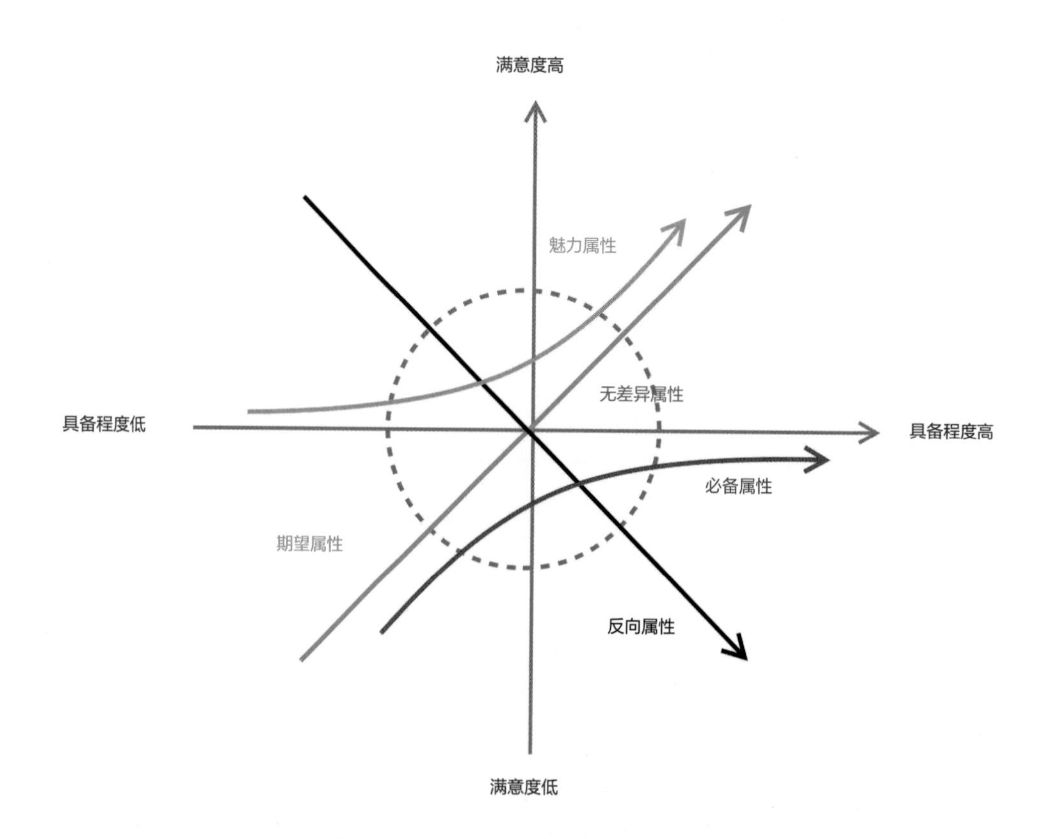


图2-32 Kano模型

（1）如果基本型需求体验无法达到预期效果会导致顾客的不满，但通常情况下基本型需求即使超出顾客预期也无法让人满意。

（2）当期望型需求达到顾客预期时会让顾客满意，未达到则会引起不满。顾客预期形成了一个服务的门槛，超过这个预期越多则越令顾客满意。

（3）兴奋型需求能激发满足感，但如果没有兴奋型需求那一定会产生不满，这是因为兴奋型需求并未被明确期待。尽管它们增加了感知价值，但仍无法弥补基本型需求的缺乏。

从基本型需求到期望型需求再到兴奋型需求，顾客感知到的这些需求产生的满意度层次也相应提升。随着时间的推移，个体对这些需求的认知也会发生变化，兴奋型需求变为期望型需求，甚至还可以再变为基本型需求。比如高铁座位下的充电插座、车厢内的Wifi，随着高铁的普及，这些功能已从兴奋型需求变为基本需求（图2-33）。顾客需要不断有新的预料之外因素，持续唤起良好的体验。服务设计人员需要了解这些需求的动态，并考虑不同场景下加入超出顾客预期的兴奋型需求。

[1] YUAN Yuan, LIU Yu-lu, GONG Lei, et al. Demand Analysis of Telenursing for Community-Dwelling Empty-Nest Elderly Based on the Kano Model[J]. Telemedicine and e-Health, 2021, 27(4): 414-421.

图2-33 高铁车厢Wifi与插座

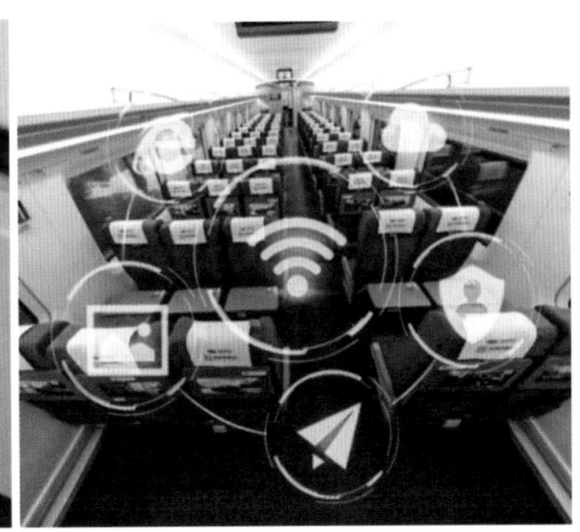

# 第六节 服务设计战略与价值主张

## 一、三大战略

从更广泛的管理角度来看，经常伴随产品或交易出现的服务经常是大型增值活动中看起来比较微小的元素之一。设计师要更好地理解用户心理模式，以适应管理者做出的决定，包括：公司战略、商业战略和运营战略。

### 1. 公司战略

在公司战略中，自从20世纪70年代晚期，哈佛大学商学院教授迈克尔·波特（Michael Porter）提出了他的“五力分析模型”（又称“波特竞争力模型”）（图2-34），便体现了全球各地商学院学生的教育和思维。在这个模型中，公司的战略是产业和市场外部操作的结果。战略决策的主要可变因素是产业的全部吸引力。这个层面的服务主要是产品或交易的属性，而不是塑造产业本质的因素。

### 2. 商业战略

在商业战略中，迈克尔·波特和他的一般性战略模型再次成为焦点。公司只能选择成本领先战略、差异化战略和专一化战略这三大商业战略之一，否则会导致进退两难。成本领先战略与差异化战略之间存在假定的排他性。提升服务与体验应该说是差异化战略方法，会导致高于平均值的成本，但更高的客户满意度可能带来潜在的中长期利益。

### 3. 运营战略

在运营战略中，迈克尔·波特在1985年首次提出了“价值链分析法”。从更广泛的角度来看，价值链阐明了主要的商业价值，价值增加到公司的产品和服务中。这些功能由研发、产品设计、制造、分销和客户服务组成，它们的合计成本与最终销售价格之间的差额被称为“利润”。新价值曲线理论从“提高、减少、剔除、创造”四个维度思考提升价值（图2-35）。

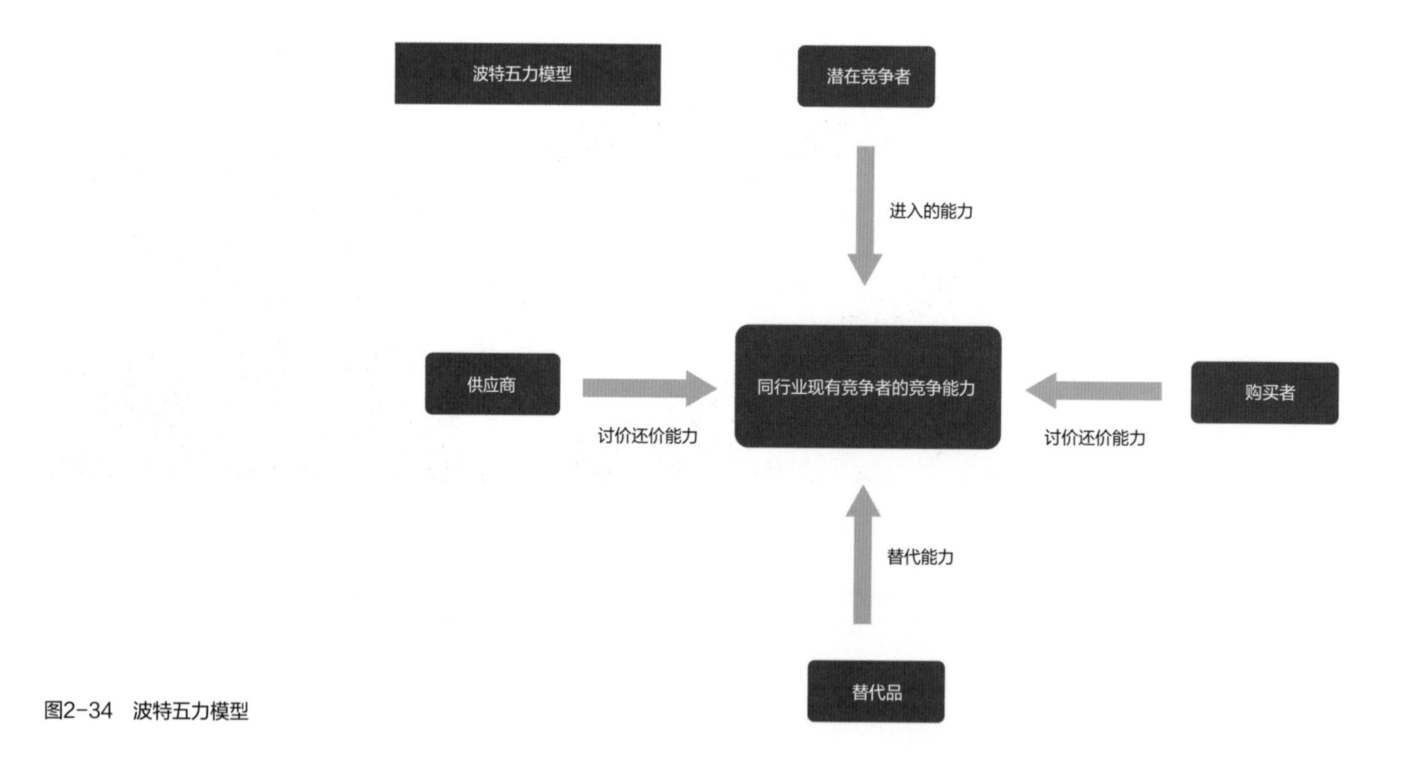


图2-34　波特五力模型

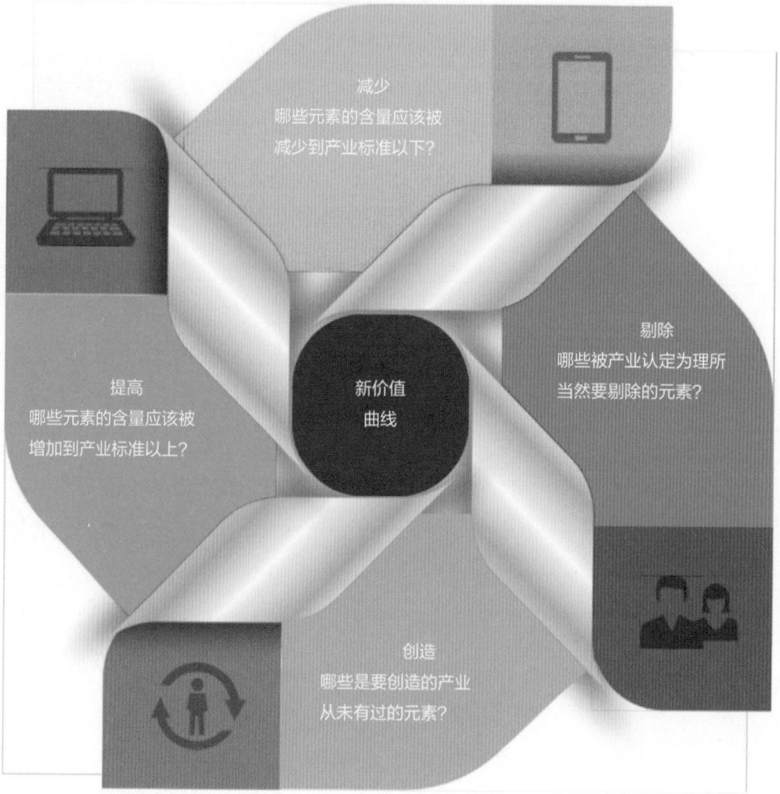

减少
哪些元素的含量应该被
减少到产业标准以下？

剔除
哪些被产业认定为理所
当然要剔除的元素？

提高
哪些元素的含量应该被
增加到产业标准以上？

新价值
曲线

创造
哪些是要创造的产业
从未有过的元素？

图2-35　新价值曲线

2001年，设计管理先驱者皮约特·格勒博（Peter Gorb）指出："设计者需要了解商界的语言，这是最重要的事情。只有了解了这些语言，你才能有力地讲出设计的依据"。通过把服务设计逻辑与管理模式、管理思维融合在一起，以综合性的服务设计思维来创造产品与服务系统。运营管理与流程的设计、管理和改进，企业凭借这些因素传递产品和服务。很多人认为，商业的和体验的是相互矛盾的，或是说，人们的潜意识会认为，想要获得好的体验，成本就一定会增加，想要追求商业利润，就要通过适当地降低体验来实现。传统的用户体验，过分地强调了以"体验"为中心，为了体验，甚至导致了服务成本的增加，商业利润的减少。而服务设计同时兼顾了用户体验和商业运作，是以"双赢"为目的的。虽然很多时候商业和体验的确需要平衡，但这里的平衡不应该是"此消彼长"的，而应该是"相得益彰"的。

## 二、价值主张

有两家距离相同，咖啡口味相同，价格也相同的咖啡店，你去哪一家呢？如果你要去咖啡店约会，你可能会选择那家具有幽暗的灯光、性感的音乐、隐蔽的入口的咖啡店；如果你要去咖啡店加班，你可能会选择那家具有Wifi、充足电插座、相对安静的咖啡店。这就涉及了企业的价值主张。

价值主张（Value Proposition）是指供需双方达成的对产品和服务的价值承诺与共识，是基于利益和成本的分析对客户价值进行差异化的创新，最终可以向客户提供的价值。价值主张常常是企业战略规划的核心，可以针对企业的价值、客户的价值，或者针对产品和服务的价值来表述。清晰的、独特的、一致的价值主张是商业模式成功的关键。

### 1. 企业价值主张

企业在提出价值主张的时候，必须要充分考虑到自身的战略资源与核心能力，以此为基础，找到一种全新的要素组合和应用方式来实现价值创新。同时，企业还必须通过价值创新，对自身的核心能力和战略资源进行不断地维护强化和重新培育。从具体内容上看，价值主张可以进一步分为目标顾客和价值内容两个因素。目标顾客是指企业的产品或者服务的针对对象，要解决的根本问题是: 企业准备向哪些市场区间传递价值。价值内容是指企业将通过何种产品和服务为顾客创造价值, 要解决的根本问题是: 企业准备向目标顾客传递何种价值，包括功能价值、体验价值、信息价值、文化价值。

### 2. 客户价值主张

客户价值主张（Customer Value Proposition）与企业价值主张不同，内容上可以是企业价值预案的组成部分，它关注客户价值的挖掘而非企业。客户价值是企业价值的来源。客户价值主张是表述设计战略的核心工作，是企业向客户做出的价值承诺。在一定意义上，客户价值主张和企业价值主张代表了服务模式和商业模式，而这两个问题的解决则构成了设计战略的核心。服务设计的价值是共建出来的，它应该是一个双赢的产物。服务设计中，那些"小而美"的要素固然重要，但更重要的是通过梳理，找出那些关键的要素，那些要素是要能够反映出客户的主要诉求的。譬如，如果客户是政府，政府的主要诉求可能来自"政绩"，一方面是提高居民的满意度，另一方面是提高政府的效率。所以，我们最终提交的方案，要围绕“居民、交通、环境、就业”等层面的内容，而不是单纯的“体验”层面的内容。

企业在塑造价值主张时，除了顾客端，同时必须考量外部的竞争态势、企业本身的理念与能力及资源限制等要素。3C理论指的顾客（Customer）、竞争者（Competition）、公司（Corporation）缺一不可，如此才能确保企业提出的战略不背离市场需求，并存在竞争力及落地可行性。加入商业价值分析方法，评估体验蓝图中待改善议题的重要程度，以作为下一阶段塑造价值主张的输入。比如互联网咖啡在分析自己的价值主张时，要考虑传统咖啡的品牌形象与价值主张，思考跟竞争者的目标用户的差异性，思考公司本身的竞争优势。相对于传统咖啡的目标用户往往是有时间享受环境、享受音乐、享受咖啡散发的迷人香味，或者至少像星巴克那样，可以让拿着笔记本的人在店里边工作边享受，互联网咖啡的目标用户可能是在办公室里办公的、没有时间在咖啡店里安心喝咖啡的人群。由此互联网咖啡在功能上更强调咖啡本身，强调可以带走或者购买外卖。由于没有门店这种物理空间上的限制，互联网咖啡能推广至更多的人群，会从互联网思维角度尽可能地吸引顾客，如会员制、电商、好友推荐等。

## 三、价值创造模式

企业的价值创造模式有两种：价值链与价值网。

### 1. 价值链

价值链中，基本活动直接创造价值并将价值传递给顾客，辅助活动为基本活动提供条件并提高基本活动的绩效水平。价值链是基于产品、上下游产业的纵向价值链条，侧重于供应、生产环节，旨在降低产品成本、提高效率，以实现效益最优化、利润最大化（图2-36、图2-37）。

### 2. 价值网

价值网可以看作是所有利益相关者之间相互影响而形成的价值生产、分配、转移和使用的关系与结构。价值网可以用来进行分析敏捷生产、分销和快速市场反应的动态网络（图2-38）。价值网是基于生态的网络价值连接，由多个经济部门形成网状价值联结，增加更多连通性，实现多方利益相关者、多种生态效益最优，体现了网络经济思想。

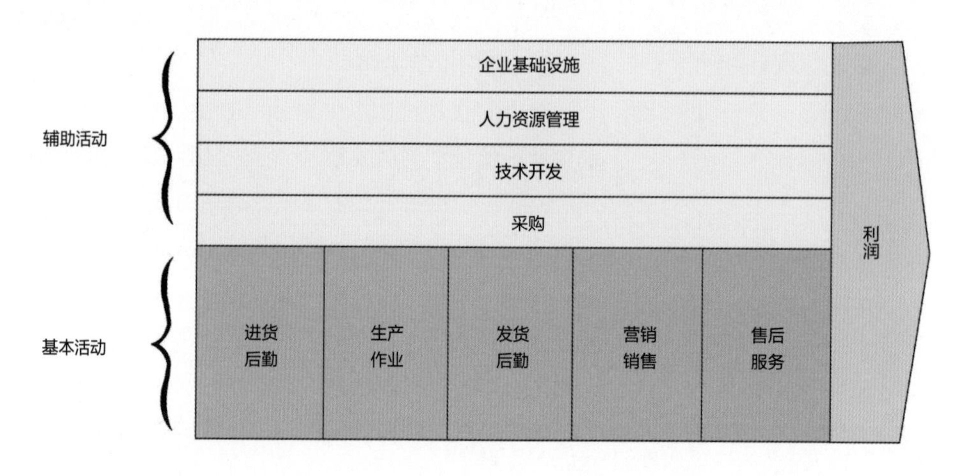


图2-36　价值链构成

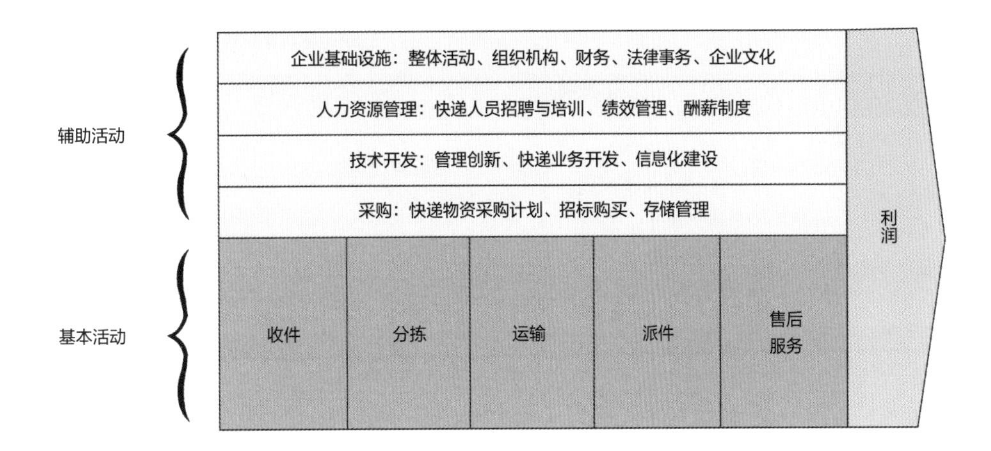


图2-37　某快递企业价值链模式

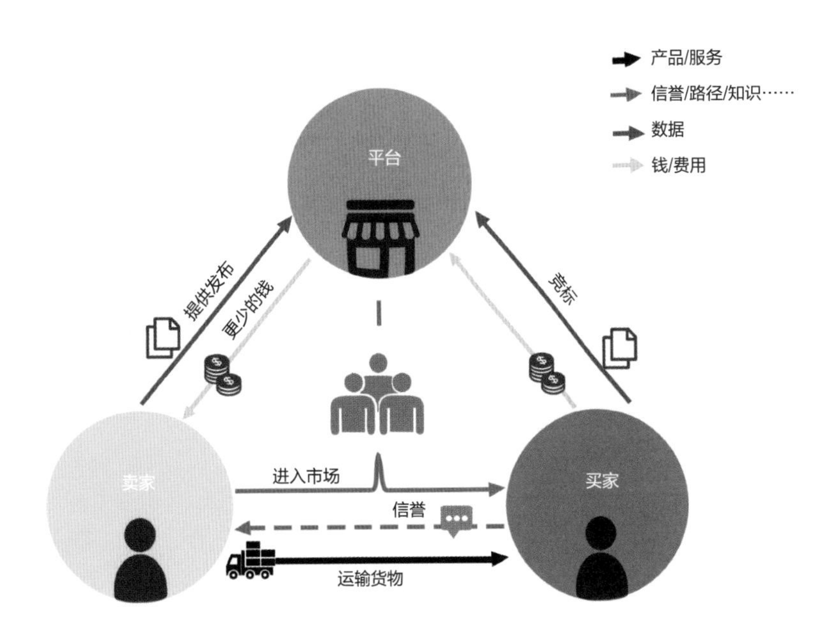


图2-38　网络竞拍平台的价值网

随着互联网技术的深入应用，各方利益相关者在多个维度进行深入联结，企业的价值链模式正逐渐向蕴含无限可能的生态价值网转变，由原来侧重于有形价值逐渐向注重信息分享的无形价值转变，通过这张网实现合作中创造或者获取更多的价值。不少学者对价值的创造也提出了自己的见解，如楚东晓分析了不同主导逻辑决定了服务的性质、企业商业成功的重点、企业关注的重点、价值共创方式[1]（表2-1）。在《体验思维》一书中，认为近20年来由先锋人群引领的大众价值更迭，经历了好用、好看、更好地解决问题、意义与关系四个阶段[2]。无论企业采用何种价值获取方式，在信息化时代，体验感受往往会以指数级增长，一传十、十传百，加快产品与品牌的传播，提升用户的体验已然成为价值网中非常重要的一环。

[1] 楚东晓. 设计创新语境中的服务设计研究[C]//触点：服务设计的全球语境. 北京：人民邮电出版社，2016年：269-278.

[2] 黄峰，赖祖杰. 体验思维[M]. 天津：天津科学技术出版社，2020：5-8.

表2-1 主导逻辑比较

| 主导逻辑 | 服务的性质 | 企业商业成功的重点 | 企业关注的重点 | 价值共创 |
|---|---|---|---|---|
| 服务主导逻辑（Service-dominant Logic，SDL） | 面向服务提供者的观点：服务是组织的业务和营销策略 | 系统：包含具体的服务、产品、成本等因素 | 怎样能将现有的供给（Offerings）更多地卖出去 | 价值始终是由服务提供者（Provider）和服务接收者（Receiver）共创（Cocreation）实现的，价值创造过程是交互作用的结果 |
| 顾客主导逻辑（Customer-dominant Logic，CDL） | 面向顾客的观点：服务是客户购买和消费过程的基础 | 顾客：创造和维护有益的顾客关系，有效的服务管理 | 企业所提供的供给中，顾客愿意购买的究竟是什么 | 价值不一定总是共创的，只有顾客和服务提供者在共同目标驱动下的价值创造行为才是共创行为；价值共创不一定是交互作用的结果 |
| 服务逻辑（Service Logic，SL） | 服务是一个活动过程：顾客利用（消费）企业提供的具体产品或服务进行价值创造的实践过程 | 顾客时价值共创的主体，顾客在为达成自身目标而进行的价值创造实践活动过程中，所得到的企业支持能力 | 企业不再仅限于为顾客提供价值，而是如何参与、辅助顾客自身的价值创造过程 | 价值仅在协同、互动和对话过程中进行创造，不一定是共创的；价值创造是交互作用的结果 |

第三章

# 服务设计的工具与方法

## 第一节　概述

### 一、设计洞察

一家全球管理咨询公司指出，48%的研发预算被浪费了，部分原因是缺乏洞察力，这意味着开发的东西不是顾客想要的。设计研究方法可以给你深刻的客户洞察力，并确保你在创新过程的早期阶段专注于识别真正的顾客需求。管理大师彼得·德鲁克曾说过：设计师的工作就是“将需要转变为需求”。亚德里安·斯莱沃斯基（Adrian Slywotzky）和卡尔·韦伯（Karl Weber）在《需求：缔造伟大商业传奇的根本力量》一书中提及：“真正的需求创造大师，会把所有的时间和精力都投入到对人的了解上。他们创造出的产品让人们无法抗拒，更令竞争对手无法复制。”

有一个经典的访谈问题，如果你问用户，你需要什么？用户回答：我想要一匹更快的马！如果团队马上思考让马更快的方法，可能有“使马更强壮的饲料”“对马进行专业培训，训练它们跑得更快”“开发一段音乐，催眠马匹，让马休息好”“助力马鞍，为马匹提供加速度”“创造新的跑得更快的杂交品种”等，而这些只是一些点子。洞察是不止于用户的回答，而是多问几个为什么。用户可能“因为生活紧张”“因为工作地点离住址远”“因为不想自己走过去”“因为骑马屁股疼”“因为想尽早去和家人团聚”。从这几个回答发现，问题的本质是想用更少的时间从A处到B处！

由此，洞察建立在对用户的了解上，不是个别数据、事实或用户的引用，不是阅读调查资料，而是源自观察到的异常，源自本能和人类理解（图3-1）。洞察是独特却不明显的一种了解客户信念、价值、习惯、欲望、动机、情绪需求，成为竞争优势的一个基础。洞察可以是一种思维方式，代表我们需要透过现象看本质；洞察可以作为一种理解力，代表我们要透过分析用户的行为和需求找到他们感兴趣和想要的；洞察可以作为一种习惯，它代表着我们需要在用户研究的整个过程中都保持以用户为中心的体验原则。洞察可以发掘现象背后的动机、意图和需求，对设计做深层次的阐述。

电影《教父》中的一句经典台词：用半秒就看透事物本质的人，和用一辈子都看不清事物本质的人，注定有着截然不同的命运。弗洛伊德也曾说：“洞察力就是变无意识为有意识。”洞察力兼顾了分析和判断的能力，是看破表象、分析背后内涵的习惯。由此，以用户为中心是需要倾听用户的声音，但设计时不应该盲从。正如乔布斯所说：“有些人说，消费者想要什么就给他们什么，但那不是我的方式。我们的责任是提前一步弄清他

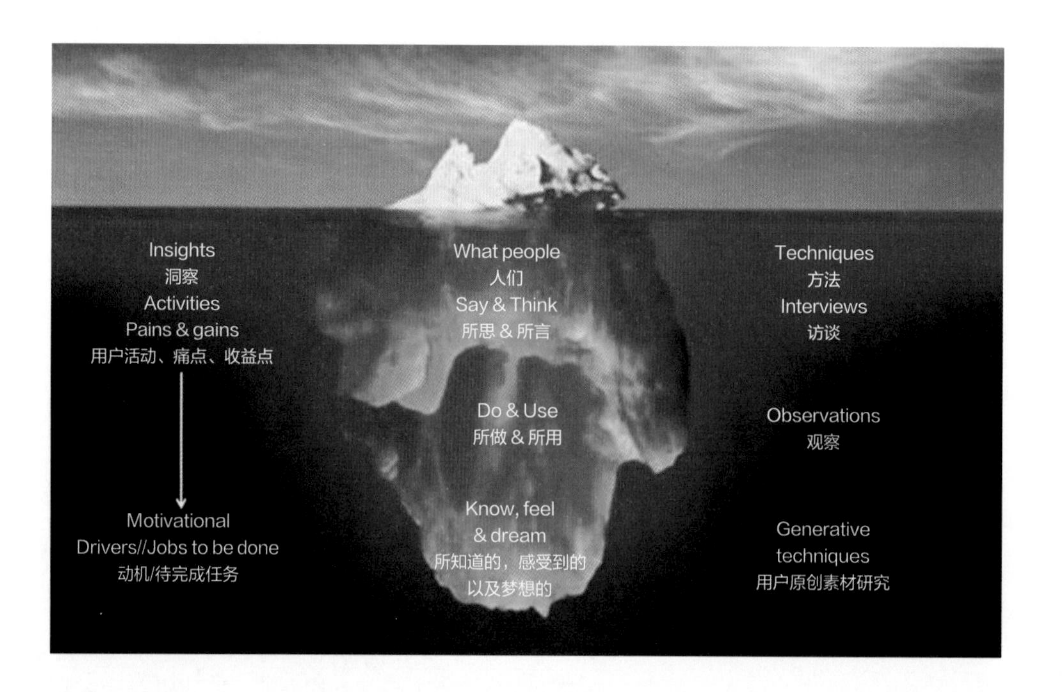


图3-1 服务设计直击核心的研究方法（图片来源：桥中设计咨询）

们将来想要什么。”服务设计发展了大量的工具来解决企业的创新、导入和实施问题，其中有很多方法有助于发现问题的本质，实现洞察。服务设计很大程度上受营销内部社会科学的影响，另一部分受从艺术和设计学院毕业的服务设计者们的影响。营销学者和实践者开发了包括服务蓝图、服务实物和聚焦于服务遭遇（Service encounter）的方法和理念；设计者们开发出把焦点放在个体用户体验上的工具，作为服务设计的方法之一。

服务设计方法的核心起点是以人为本。定量资料确实提供了有价值的数据、漂亮的图标和良好的支配感，然而定量的用户数据分析，更多的是解决用户“怎么做”的问题，它只是回答了你想知道什么的问题，并不能知道用户想要告诉你什么。人种学跳出传统量化方式的束缚，便利了用户、客户和设计师之间的移情对话，有助于了解客户一系列截然不同的需求，也促进了其他专家和利益相关者参与整个服务设计流程。服务设计、设计思维中的人种志定性研究方法，可以挖掘研究对象行为背后的动机、期待、思维模式，这更多的是解决用户“怎么想”的问题。以人种志方法论为基础进行专业化的设计研究，有助于通过为公司提供参考点来获得焦点和语言，有助于沟通理念、方针、战略和场景等。人种志细节的水平根据不同的项目（依靠时间、预算和体验）有极大的不同。用在小型项目中，可能只要花费几天就能做出人种志研究，但在大型项目中要花费几周的时间。

在探索问题阶段，人种志典型的方法用来激发和记录与人们之间的移情对话，这些人最终会使用和传递服务。在之后的定义阶段，这些方法集中于聚集和探查研究数据，从而发现相关的和启发性的见解。在发展阶段使用的方法有助于产生想法、发展理念、共同创造。在发布阶段有助于使用原型和进行检验。在整个服务设计流程中，设计人种志在服务用户、服务提供商和服务设计者之间架起了一座沟通桥梁。

根据项目调研目的和时间成本，以决定数据收集方法。轻量级的用户研究，只需做访谈、观察即可。如果对用户群体已经有较多研究，大致了解自己的用户在哪些维度上有差异，可以直接使用定量问卷调查或者后台数据进行用户分析。使用更复杂的定性加定量的组合研究方式，可以提供更丰富的素材，所需时间精力也会更多。比如腾讯用研部在做CDC2018保险行业用户研究时，定性阶段结束后研究员除了形成用户分类特征的感性认知，还需要为后面的定量问卷缩减题量。通过相关性分析来提炼核心指标，或者由团队一起讨论出核心指标，再设计问卷进行定量分析。

## 二、各阶段运用的工具与方法

服务设计流程中涉及了多种方法与工具，比如servicedesigntools.org网站上详细介绍了各个工具。有不少学者对各种工具在设计不同阶段的使用作了分析（图3-2～图3-4）。本章将集中介绍一些服务设计中常用的方法与工具，力图呈现一个能有效解决服务设计普遍问题的工具箱。这些工具几乎在多个阶段都可能会使用，也可能运用各种组合。使用这些工具并没有绝对的对与错。项目要取得成功自然需要找到一个切实可行的方法组合，这个组合能通过循序渐进的迭代过程将创意形成概念，并进一步发展而形成模型。

| Creating a Design Goal 1 确立设计目标 | Creating a Product Ideas and Concepts 2 探索产品创意 | Decision and Selection 3 决策与甄选 | Evaluation of Product Features 4 方案评估 |
| --- | --- | --- | --- |
| Strategy wheel 战略轮 | Creativity techniques 创意技巧 | C-tox | Product simulation and testing 产品仿真与测试 |
| Custom journey 用户旅程 | How to's 如何 | Itemised response and PM I 逐条反馈和PMI | Product concept evaluation 产品概念评估 |
| Trends analysis 趋势分析 | Mind map 思维导图 | vAUJe 优势、局限于独特 | Product usability evaluation 产品可用性评估 |
| Cradle to cradle 从摇篮到摇篮 | Brainstorming 头脑风暴 | Harris profile 哈里斯量表法 | Interacion prototyping 8i evaluation 产品交互原型评估 |
| EcoDesign checklist 生态设计核检表 | Fish trap model 渔网图 | Datum method 基准比较法 | |
| EcoDesign strategy wheel 生态设计战略轮 | Synectics 类比法 | Weighted objectives method 目标全量法 | |
| Collage techniques 拼贴法 | SCAMPER 奔驰法 | EVR decision matrix EVR决策量表 | |
| Process tree 流程树 | Function analysis 功能分析 | | |
| WWWWWH 5W3H | Morphological Chart 形态分析 | | |
| SWOT analysis SWOT分析 | Roleplaying 角色扮演 | | |
| Problem definition 问题定义 | Storyboard 故事板 | | |
| Checklist for generating requirements 需求清单 | Written Scenario 情境描述 | | |
| Design specification 设计规范 | Checklist for concept generation 概念清单 | | |
| Design vision 设计愿景 | Design drawing 设计手绘 | | |
| | 3-dimensional models 三维模型 | | |
| | Biomimicry 生物仿生 | | |
| | Contextmapping 情境地图 | | |

图3-2　荷兰代尔夫特理工大学工业设计工程学院的设计方法体系

| 1 确立目标 | 2 了解环境 | 3 了解人群 | 4 构建洞察 | 5 探索概念 | 6 构建方案 | 7 实现产品 |
| --- | --- | --- | --- | --- | --- | --- |
| 热点报备 | 环境研究计划 | 研究对象示意图 | 根据观察结果形成洞察 | 基于原则探求机会 | 形态综合生成法 | 战略路线图 |
| 大众媒体扫描 | 大众媒体搜索 | 预备调研 | 洞察的分类 | 机会思维导图 | 概念评价 | 平台计划 |
| 创新资料集 | 出版物研究 | 用户研究计划 | 用户观察数据库查询 | 价值假设 | 规定性价值网络图 | 战略计划研讨会 |
| 趋势专家访谈 | 发展路径图 | 人员五要素法分析 | 用户响应分析 | 用户素描 | 概念联系图 | 试运行与测试 |
| 关键词统计 | 创新演变图 | POEMS框架 | 要素-关系-属性 | 概念探讨会 | 情境设想 | 实施计划 |
| 十大创新框架 | 财务档案 | 实地考察 | 流向系统图 | 概念形成矩阵 | 设计方案图示 | 能力规划 |
| 创新景观变化图谱 | 类比模型 | 视频人种学 | 描述性价值网络图 | 概念隐喻与概念类比 | 设计方案故事版 | 团队组建计划 |
| 趋势矩阵 | 竞争者-互补者定位图 | 人种学访谈 | 要素分布图 | 角色扮演式概念形成法 | 设计方案表演 | 远景说明 |
| 交集图 | 十大创新框架诊断 | 用户照片日志 | 维恩图 | 概念形成游戏 | 设计方案原型 | 创新简报 |
| 从现状到趋势探索 | 行业诊断 | 文化产品 | 树形图或半点阵图 | 木偶剧情境 | 设计方案评估 | |
| 初始机会图 | SWOT分析法 | 图片归类 | 对称式聚类矩阵 | 行为原型 | 设计方案路线图 | |
| 产品-行为-文化图 | 行业专家访谈 | 模拟体验 | 非对称式聚类矩阵 | 概念原型 | 设计方案数据库 | |
| 目标描述 | 兴趣小组讨论 | 现场活动 | 活动网络图 | 概念草图 | 综合生成讨论会 | |
| | | 远程研究 | 聚类矩阵洞察 | 概念情境 | | |
| | | 用户观察数据库 | 语义形象图 | 概念分类 | | |
| | | | 用户群定义 | 概念群组矩阵 | | |
| | | | 用户体验图 | 概念目录 | | |
| | | | 用户旅程图 | | | |
| | | | 总结性框架 | | | |
| | | | 设计原则的生成 | | | |
| | | | 洞察研讨会 | | | |

图3-3　库玛教授的创新设计流程及各阶段适用设计方法

图3-4　汉宁顿和马丁的设计方法

| 1 规划、清理、定义、探索并界定项目范围 | | 2 探索、归纳，形成设计意涵 | | 3 概念形成与原型迭代 | | 4 循环测试与反馈、评估、改进和制造 | | 5 上市和监控，持续观察及分析成果，适时修正 | |
|---|---|---|---|---|---|---|---|---|---|
| A/B测试 | ❶②③④❺ | 创意工具箱 | ①②❸④⑤ | 弹性模型制作 | ①②❸④⑤ | 参与式设计 | ①❷❸❹⑤ | 利害关系人浏览 | ①②❸④⑤ |
| AEIOU | ①❷③④⑤ | 关键事件法 | ❶❷③④❺ | 隐匿观察 | ①❷③④⑤ | 个人物品收藏 | ①❷③④⑤ | 故事板 | ①②❸④⑤ |
| 亲和图 | ①❷❸❹❺ | 群众外包 | ①❷❸❹❺ | 焦点团队 | ❶②③④❺ | 人物志 | ①②❸④⑤ | 调查 | ①❷③④⑤ |
| 器物分析 | ①❷③④⑤ | 文化探测 | ①❷③④⑤ | 衍生式研究 | ①②❸④⑤ | 照片研究 | ①❷③④⑤ | 任务分析 | ①❷③④⑤ |
| 自动远端研究 | ①❷❸④❺ | 客户体验稽核 | ❶❷③④❺ | 涂鸦墙 | ①❷③④⑤ | 图像法 | ①❷③④⑤ | 领域图 | ❶②③④⑤ |
| 行为地图 | ①❷③④⑤ | 快速设计工作坊 | ①❷❸④⑤ | 启发式评估 | ①②❸❹⑤ | 原型法 | ①②❸❹⑤ | 主题网络 | ①❷③④⑤ |
| 身体激荡法 | ①②❸④⑤ | 设计民族志 | ①❷③④⑤ | 意象看板 | ①❷③④⑤ | 问卷 | ①❷③❹⑤ | 放声思考法 | ①②❸❹⑤ |
| 脑力激荡组织图 | ❶❷❸④⑤ | 设计工作坊 | ①❷❸❹⑤ | 访谈 | ①❷❸❹⑤ | 快速迭代测试评估 | ①❷❸④⑤ | 时间感知研究 | ①②③④❺ |
| 商用折纸 | ❶❷③④⑤ | 期许测试 | ①②❸❹⑤ | KJ法 | ❶❷❸❹❺ | 远端管理研究 | ①②❸❹❺ | 试金石之旅 | ①❷③④⑤ |
| 卡片分类法 | ①❷❸④⑤ | 日志研究 | ①❷③④⑤ | 狩猎分析 | ❶❷③④❺ | 透过设计的研究 | ❶❷❸❹❺ | 三角比较法 | ❶❷③④⑤ |
| 个案研究 | ①❷③④⑤ | 引导式叙事 | ①❷③④⑤ | 关键绩效指标 | ①②③④❺ | 角色扮演 | ①❷❸④⑤ | 三角交叉验证法 | ①❷❸❹⑤ |

除了运用合适的工具与方法，服务设计过程中还需要有足够的创新能力，充分发挥团队成员不同的能力。李欣宇基于双钻模型提出了“二心四力模型”，对于设计思维各个阶段所需具备能力做了明确的阐述（好奇心、同理心、洞察力、全局思考力、创想力、敏捷行动力），正确的应用有助于做正确的事，用正确的方法做事。服务设计过程中，始于好奇心，通过人种志方法能与用户共情，洞察到问题的本质，基于全局辨识到机会，运用共创发挥多方人员的智力，采用不断激荡的方法激发创意，不断测试迭代，才能共创出考虑周到而全面的服务系统，并具备敏捷行动力付诸实施。

## 三、服务设计课程阶段建议的工具运用

建议服务设计课程实践可以依据服务设计经典的“双钻模型”流程进行设计（表3-1），当然其中各个阶段使用的工具与方法可以依据需要选择并组合。可以将解决问题的过程分为四个阶段：①探索阶段，通过桌面调研、用户访谈与观察，采用录像、日志等形式记录相关的人、产品/服务、使用场景，这一阶段是思维发散的过程；②定义阶段，将第一阶段的问题采用用户同理心地图、价值主张、用户旅程图等方式洞察用户需求及本质问题，依据企业定位和时代趋势进行思考和总结，界定要解决的问题；③构思阶段，在此阶段将问题具体化，采用六帽法等头脑风暴法进行设计方案的发散，并初步用DVF方法对方案进行可行性分析，采用重要性/必要性进行方案的排序，对方案用草模、手绘等形式进行视觉化；④发布阶段，对初步方案进行方便可行的草模测试和深化，经过多次设计迭代，提出最终的解决方案。

当然，服务设计的工具往往在多个阶段都可以使用，比如可以在汇报调研结果时采用故事板方法呈现发现的问题，也可以在设计阶段对照故事板来思考方案的可行性，还可以在最终方案呈现时使用，只要方法用得合理即可。

表3-1　服务设计课程阶段、主要内容与阶段产出

| 阶段 | 主要内容 | | 阶段产出 |
| --- | --- | --- | --- |
| | 理论 | 实践 | |
| 探索（Discover） | • 服务设计起源、定义、历史、优势<br>• 服务设计经典案例<br>• 服务设计的流程、原则、利益相关者、接触点<br>• 设计调研方法 | 对设计课题进行桌面调研与实地调研，并进行分析与总结 | 调研分析报告：用用户同理心地图、价值主张、用户旅程图分析体现用户情绪曲线与用户需求 |
| 定义（Define） | • 企业品牌战略、企业价值<br>• 目标用户定义：用户画像（Persona）方法<br>• 梳理用户需求：用户同理心地图、价值主张、用户旅程图等方法<br>• 用户体验优化思维模式 | 对设计课题明确目标用户及其需求，明确用户体验优化思维模式与设计目标 | 设计方向定义：运用用户画像（Persona）法确定目标用户群，运用用户同理心地图、价值主张、用户旅程图等方法梳理用户需求，确定用户体验优化模式与设计目标 |
| 构思（Develop） | • 共创方法<br>• DVF筛选法、重要性/确定性排序<br>• 原型制作<br>• 故事板 | 对设计方向提出解决方案并进行筛选，绘制草图并搭草模 | 具有一定可行性的设计方案构想 |
| 发布（Deliver） | • 用户测试<br>• 服务蓝图<br>• 商业画布<br>• 服务系统图 | 对草模进行测试，修改方案并计算机建模，对整个服务用服务蓝图/服务系统图进行整体规划，用商业画布初步分析商业可行性 | 采用短视频、ppt、角色扮演等方式进行课程汇报 |

## 第二节　设计探索阶段的工具与方法

设计探索阶段以角色模型为载体引进用户视角，并且增加多种以用户为中心的方法，包括访谈、观察报告、参与性的设计研讨会或观察报告。这一环节尝试解决主要问题的方法仍可基于5W2H法：服务机构应该着重满足谁的需求（Who）；作为服务机构，了解到用户的哪些需求（What）；用户在何时、何地需要你们的服务（When & Where）；用户为什么需要你们的服务（Why）；你们怎样以及在多大程度上满足了用户的需求（How & How much）。在这一阶段，要善于观看、倾听、询问、记录并思考，理解用户，让用户参与，并努力使用户需要并渴望你们的服务，可能是确保服务取得成功的最佳方式之一。

百度的用户研究团队从产品战略和未来发展的角度进行用户研究，从而跳出了单纯从用户角度研究用户（图3-5）。百度用户研究分析采用行为数据与访谈相结合的方法。行为日志是定量的行为记录，是明确的行为，对程度易形成直观认识，但受系统功能和流程限制，无法得知用户行为背后的想法。而访谈是定性的，可收集到用户的观念和想法，对于理解用户目标有很大帮助，不受系统自身限制，可采集到系统未涉及的内容。

目前百度MUX常用的数据分析维度主要包括日常数据分析、产品效率分析和用户行为分析，根据研究目的的不同，侧重点也有所差异。前两者更侧重于产品研究，用户行为分析则属于用户研究范畴。日常数据分析主要包括总流量、内容、时段、来源和去向、趋势等，通过日常数据分析，可以快速掌握产品的总体状况，对数据波动能及时做出反馈及应对。产品的效率分析主要针对具体产品功能、设计等维度的用户使用情况

图3-5 百度用户研究团队的“四步研究法”
图3-6 百度定性与定量结合的调研分析方法

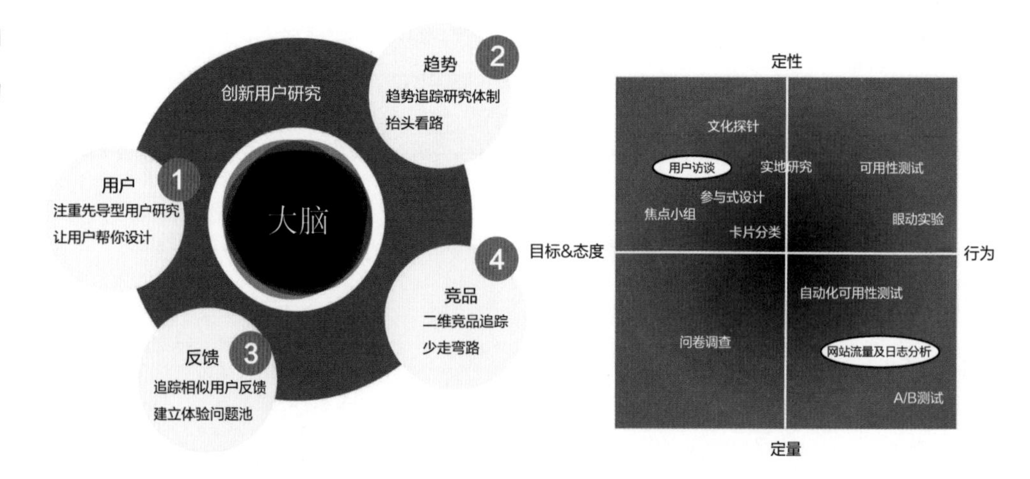


进行，常用指标包括点击率、点击黏性和点击分布等。用户行为分析可以从用户忠诚度、访问频率、用户黏性等方面入手，如浏览深度分析、新用户分析、回访用户分析和流失率等。这些数据分析方法结合定性分析方法，比如访谈、焦点小组、参与式设计等，使设计师直观地了解用户，这样才能做到有的放矢，设计出最符合用户需求的产品（图3-6）。

本书限于篇幅，以下仅阐述部分常用的调研方法。

## 一、观察法

在服务设计过程中，要求设计师“深入野外”，探索他们认为好的或不好的服务体验。可以是自己亲身经历一整套服务的“服务旅行”，理解顾客的共同需求以及他们遭遇的问题。也可以是“影子练习”，在尽量不打扰观察对象的情况下，沉浸在顾客、前线员工或幕后工作人员的生活中，观察他们的行为并学习他们的经验。无论采用哪种形式，研究者都要根据一定的研究目的、研究提纲或观察表，用自己的感官和辅助工具去直接观察被研究对象，从而获得资料。观察法的框架可以采用AEIOU（活动Activities、环境Environments、交互Interactions、对象Objects、用户Users）（图3-7），针对相关元素提出不同的问题，从而为后续发现的问题故事板做准备。

类似方法有POEMS法，分别代表：被观察者（People），观察时看到的事物（Object），观察内容所处的环境（Environmen），被观察者事件过程中可能相关的信息（Message），如微波炉加热食物结束时有“叮”的提示音；被观察者在事件中可能涉及的服务（Service），如Wifi。

## 二、访谈法

访谈，是指通过访员和受访人面对面地交谈，以了解受访人的心理和行为的心理学基本研究方法。访谈的过程，首先是确定访谈的对象信息，接着制定访谈脚本，即访谈的内容，再与访谈者约定时间、地点进行访谈，期间针对个别访谈对象也略有调整。最后是整理访谈结果。访谈时要以友善的欢迎开始采访，顺其自然；接着提出一系列有关用户背景的笼统且开放性问题；使用视觉刺激和道具，比如采用实体产品、照片、原型

图3-7 AEIOU法

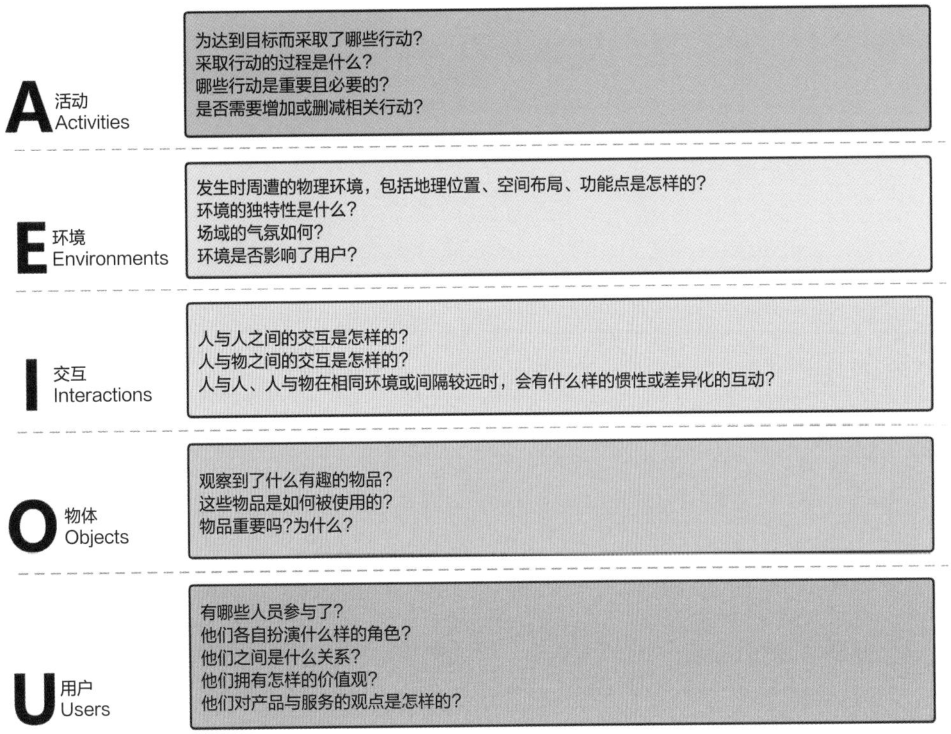

A 活动 Activities

为达到目标而采取了哪些行动？
采取行动的过程是什么？
哪些行动是重要且必要的？
是否需要增加或删减相关行动？

E 环境 Environments

发生时周遭的物理环境，包括地理位置、空间布局、功能点是怎样的？
环境的独特性是什么？
场域的气氛如何？
环境是否影响了用户？

I 交互 Interactions

人与人之间的交互是怎样的？
人与物之间的交互是怎样的？
人与人、人与物在相同环境或间隔较远时，会有什么样的惯性或差异化的互动？

O 物体 Objects

观察到了什么有趣的物品？
这些物品是如何被使用的？
物品重要吗？为什么？

U 用户 Users

有哪些人员参与了？
他们各自扮演什么样的角色？
他们之间是什么关系？
他们拥有怎样的价值观？
他们对产品与服务的观点是怎样的？

等，访谈问题应该中立，避免对有关产品技术先入为主的假设，不要问“是/否”的选择性问题，要问“5W2H”的问题，用快速回答捕捉用户首要的想法和印象；给用户布置与产品或原型互动的具体任务，让顾客演示产品和与产品相关的典型任务，要关注出乎预料的事情和潜在需求的表达，注意非语言信息。

### 1. 焦点小组访谈

焦点小组访谈可以同时邀请6～8位客户，在经验丰富的主持人的指导下，精挑细选出的、具有很强代表性的参与者可以为主题、模式和趋势提供深刻的见解。焦点小组适用于探索性研究。焦点小组讨论的参加者可以是我们前面所提的共创五类人：用户、专家、技术人员、艺术家、意见领袖。在进行活动时，按照事先定好的步骤讨论，按照一定的节奏进行，通过照相机、摄像机、录音笔、纸笔等方式及时记录下来。全部访谈时间控制在1.5～2小时，并做好节奏把控与时间分配（图3-8）。

可以围绕以下问题进行：

（1）回顾最近一段时间内相关服务发生的经过。

（2）解释目前为止对哪些方面还不满意，或者对与过程无关的其他“任务”存在哪些误解。

（3）说出参与者在完成指定任务过程中的潜在情绪（恐惧、不确定、沮丧、焦虑）。

（4）参与者想出变通的方法和技巧，以便更好地完成任务。

（5）了解参与者如何与别人建立社会联系。

（6）了解参与者共同的逻辑和思维模式。

图3-8 焦点小组访谈节奏的把控与时间分配

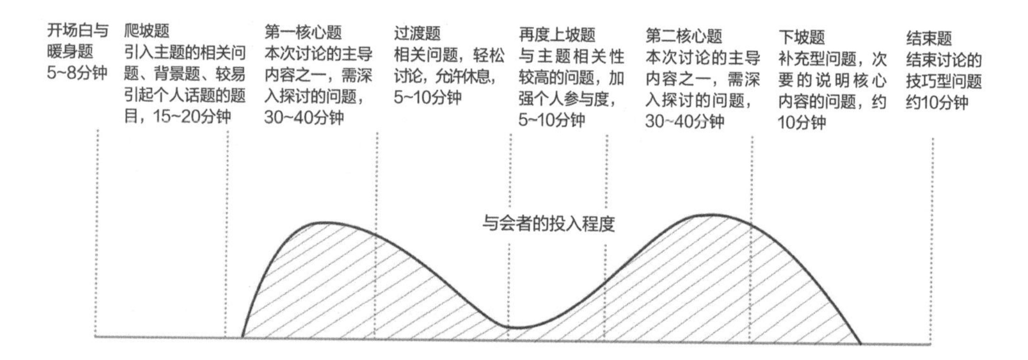


分析焦点小组的数据时，应考虑参与者得出结论所使用的逻辑。另外，需要特别注意他们叙述的故事、使用的隐喻和类比，以及描述自己的经历、喜好和记忆的方式。寻找重复出现、产生强烈反响的主题和话题，就可以分析出目前的趋势。

### 2. 深度访谈

一对一、一对二面谈，属于深度访谈。深度访谈更适用于定性，对于大众需求的把握往往更为直接。深度访谈对访谈者的专业素质要求很高，需要事先准备设计访谈提纲或者交流的方向。

一般问题：通用于各个访谈对象、各种研究或项目的目的。可以按照“使用前—使用中—使用后”的顺序来设计问题框架。例如：

（1）您当时购买的原因是怎样的？出于哪些考虑？（Why?）

（2）你在何时以及为何使用这种产品？（When? Why?）

（3）请您说说平时是怎么使用×××的呢？能和我们描述一下吗？或者给我们演示一下如何使用这种产品好吗？（How）

（4）请问您谈谈怎么看待×××的呢？（你喜欢现有产品的什么地方？你不喜欢现有的产品的什么地方？）（Attitude）

（5）能和我们说说您有哪些需求吗？（Hope）

深入问题：往往关注细节，根据用户回答的使用情况，追问或者请求详细描述操作步骤。

（6）刚才您说到使用的过程，我想就×××这一步再询问一下，您是怎么考虑的，这一步具体怎么操作，为什么这样做呢？（How much，Why）

（7）我们也看到有其他可以选择的对象，那您为什么不选择那一个，您能跟我们讲讲吗？（Why）

### 3. 5Why法

在洞察问题时常用日本发明家丰田佐吉提出的5Why“五个为什么”方法，多问几个为什么，了解相关利益者行为和情绪背后的真实原因。客户行为并不总是能用语言清楚地表述出来，关键是理解背后隐藏的含义与动机，从而最终发现潜在的目标。如：通过五个为什么，发现汽车无法启动的原因是交流发电机皮带从未更换过（表3-2）。通过五个为什么，发现服务时间过长的本质原因是因为采购的散装设备体积庞大（表3-3）。

表3-2 汽车无法启动的问题

| 5Why问题 | 回答 |
| --- | --- |
| 为什么我的汽车无法启动? | 电池电量耗尽 |
| 为什么电池电量耗尽? | 交流发电机不能正常工作 |
| 为什么交流发电机不能正常工作? | 交流发电机皮带断裂 |
| 为什么交流发电机皮带断裂? | 交流发电机皮带远远超出了其使用寿命，从未更换过 |
| 为什么交流发电机皮带远远超出了其使用寿命，却从未更换过? | 我一直没有按照厂家推荐的保养计划对汽车进行过保养和维护 |

表3-3 服务时间过长的问题

| 5Why问题 | 回答 |
| --- | --- |
| 为什么服务一名顾客花费这么长时间? | 因为我们太忙了！到了午餐时间总有人排着长队 |
| 为什么午餐时间总有人排着长队? | 这是一天中最忙的时候，而我们没有足够多的员工来服务每一位顾客 |
| 为什么再繁忙时段没有足够多的员工? | 我们没有足够的空间来容纳更多的员工，人多了反而可能碍手 |
| 为什么没有足够的空间容纳更多的员工? | 由于设备又大又笨重，服务区显得很乱 |
| 为什么有这么多设备? | 为了省钱，我们采购的设备都是散装的，虽然便宜，但设备体积庞大，因而我们需要在设备间来回穿梭 |

这种打破砂锅问到底的追问，有利于我们追根溯源，发现本质问题。这也是一种底层逻辑思维模式，跳出自己的思维惯性，成为更理解用户、更具有同理心的设计者。

## 三、自我陈述法

自我陈述法（self-report）是通过个体对自己的使用过程和使用经历的回顾进行描述，可以以谈话等口头形式进行，也可以以日记、笔记、问卷等书面形式进行。自我陈述法普遍应用于了解用户的情绪、态度、观念等主观感受；也经常与观察法、实验法等方法结合使用，进行定量的数据收集，研究者从而获取素材。自我陈述法较多适用于产品发布后或功能完整度较高的产品试用期。反馈的收集并不拘泥于纸面的数据，在有条件的情况下录音录像，结合出声思考（Think aloud）方式，会令结果更加丰富（图3-9）。

## 四、图像卡

图像卡是以物体为基础的访谈方法，图像卡上有图像和文字，可以帮助人们根据故事背景和细节考虑他们的生活经历，并且讲述自己的真实故事。如同向导参观一样，如果在访谈过程中提供具体直观的参考点，受访者会感觉更自在。图像卡最适用于夫妻或家庭成员之间作为参与性提示引导人们讲述自己的故事。参与者可以相互提醒遗忘的细节、习惯和过去的经历。

图像卡不仅能够支持和利益相关者的对话，展望服务，它也能够支持围绕概念的讨

图3-9 自我陈述法

论，启发每个想法的闪光点并在他们之间进行对比。图像卡方法最大的优点在于让人们叙述自己的故事，这样他们就可以从总体上了解自己的生活经历，使自己以及研究人员了解其中的复杂性和模式，有利于日后开展更多有意义的谈话。

该方法通常结合其他形式的研究方法，比如在家中或工作场所中的向导参观或者脉络访查。图像卡通常在服务设计的发现阶段使用，图像卡上的图像是为了帮助参与者回想以前的经历，然后用这些卡片来分类分析，归纳出现有服务环节中的问题。通常使用这个工具时，需要像社会学中做深度访谈时一样，做好观察与记录的工作。参与者使用这个工具时花费的时间不多，但整理参与者们的想法及出现的新机会点却要花费不少时间。

使用步骤：

（1）卡片上面应有与研究调查相关的图像和文字说明，但这些必须与参与者的叙述相关。卡片应该代表目前和未来的产品以及服务体验。图像卡中还要包含空白的卡片，以便在研究过程中补充新的细节。全套图像卡中可以包含100多张卡片，不过这要根据具体的研究调查而定。在实际使用前或研究过程期间，可以添加、减少以及编辑图像卡。

（2）在图像卡的使用过程中，研究人员要指导参与者使用卡片回忆过去，讲述某次的经历。这个过程可以先从分类任务开始，让参与者识别并且分组卡片——这些卡片分别代表参与者使用的产品或服务。然后可以根据分类发掘具体事例，让他们讲述自己的经历，而研究人员则要根据使用时间、位置、关系、生活事件、心理状态、与产品或服务相关的其他资源提出问题。随着故事情节的展开，可以利用卡片分类并且“描绘”未来的情景。

## 第三节 设计定义阶段的工具与方法

美国著名哲学家约翰·杜威（John Dewey）（1859—1952）曾经说过：“一个问题如果定义得好的话就等于解决了一半（A problem well defined is a half solved）。”

在进行设计定义时，可以从角色、任务、场景三要素着手，理清产品与服务涉及哪些角色，目标人群是怎样的，理清用户的目标与任务，通常是在怎样的场景下完成，最后提炼成设计目标。可以先用亲和图进行初步调研数据的整理。理清产品与服务涉及哪些角色可以采用相关利益者地图（见第二章第三节），定义目标人群采用用户画像（Persona）法，理清用户的目标与任务的工具依据具体情况而定，服务、互动流程相对简单的可以采用用户同理心地图或价值主张画布，流程相对复杂的可以采用用户旅程图。如果应用场景较多，可以制作不同场景下的用户同理心地图、价值主张画布或用户旅程图。最终依据体验优化模式、体验优先级、价值主张等多个维度，明确设计目标。

## 一、亲和图

亲和图又叫KJ法，由创始人日本人类学家川喜田二郎（Kawakita Jiro）的名字拼音缩写而得名，是一种可以有效收集并形象展示观察结果为设计小组提供参考数据的设计方法。亲和图属于归纳性行为，把大量收集到的关于未知事物、不明确的事实的意见或构思等语言资料，按其相互亲和性（相近性）进行归纳整理。这项工作不是根据预定义的类别分组记录，而是通过整理的卡片在捕捉研究中得出见解、观察、问题或要求，并逐一深入分析各种设计内涵，得出研究主题，找到思路，解决问题。亲和图是从下往上，首先收集具体的微小细节，分成几组，再总结出普遍的、重要的主题。完成之后，亲和图不仅仅只是一种工具，更是顾客和设计合作伙伴的参考意见。

亲和图主要用于“定义”阶段。亲和图法的明显优点是，在解决问题过程中，可以促进团队学习，开拓视野，突破部门藩篱，并获得整体的观点，这样有助于减轻内部矛盾，并将精力集中于解决问题，而不是内部耗损。但是亲和图法和头脑风暴法一样，需要有引导者，在有经验的人引导下，才能有效地促成坦诚与开放的态度，并在分类与归纳过程中，形成合理的答案。亲和图法与统计分析方法不同，统计分析方法强调一切用数据说话，而亲和图法则主要用事实说话，靠“灵感”发现新思想、解决新问题。

具体应用时，如果研究人员可以在4～6个不同的工作地点采访、观察到典型的相关人员，就有足够的代表性数据，可以完成一个亲和图。在组合亲和图之前，对每个采访对象平均记录50～100条的观察结果，每一个观察结果都用一张便笺纸记录下来。为免以后会问到相关的问题，并确保便笺纸上标明采访记录的出处，或者确定代表各个参与者的便笺纸的颜色，以便溯源。然后，在墙上贴几张大尺寸的纸，把便笺纸贴在上面，设计小组开始仔细解读便笺纸上面的内容，考虑每一张信息的深刻含义。把反映出相似意图、难题、问题，或者反映出亲密关系的记录聚集在一起，这样我们就可以了解其中的人物、他们的任务和问题的本质。

## 二、用户画像方法

用户画像（Persona）是把用户以标签的形式表现出来，每一个真实存在的用户都有对应的用户画像。用户画像是项目目标客户、用户的代表，包括目标客户、用户的人口学统计、行为、习惯、动机和关注点等信息，而这些信息一定是基于真实数据和敏锐洞察的。

## 1. 含义

用户画像是由“交互设计之父”爱伦·古柏（Allen Cooper）提出来的一种通过调研和问卷获得的典型用户模型，用于产品需求挖掘与交互设计的方法。其中：

P代表基本性（Primary）：指该用户角色是否基于对真实用户的情景访谈；

E代表同理性（Empathy）：指用户角色中包含姓名、照片和产品相关的描述，该用户角色是否引起同理心；

R代表真实性（Realistic）：指对那些每天与顾客打交道的人来说，用户角色是否看起来像真实人物；

S代表独特性（Singular）：每个用户是否是独特的，彼此很少有相似性；

O代表目标性（Objectives）：该用户角色是否包含与产品相关的高层次目标，是否包含关键词来描述该目标；

N代表数量性（Number）：用户角色的数量是否足够少，以便设计团队能记住每个用户角色的姓名，以及其中的一个主要用户角色；

A代表应用性（Applicable）：设计团队是否能使用用户角色作为一种实用工具进行设计决策。

## 2. 作用

用户画像帮助理解用户，对用户体验的情绪感同身受，回答了“我们为谁设计”这个问题。它是基于研究成果的一个强大的工具，通过优化用户体验研究来帮助产品功能的创造，它不仅代表一个特定的用户，并且它们可以被理解为所有潜在用户的行为、态度、技能和背景的典型特征。

## 3. 具体做法

（1）以观察、访谈、扮演、感知等形式获取用户信息；

（2）列出具有共性的用户特征、行为、喜好、习惯、态度甚至是怪癖等；

（3）将这些共性的特征变成“一个人”，塑造其角色。

## 4. 构成

用户画像常用以下维度：照片、名称和口号、年龄、个人信息/家庭生活、收入/支出习惯、工作/工作详细信息、使用环境/工件、活动/使用场景、知识/技能/能力、目标/动机/顾虑、喜欢/不喜欢、引用、市场规模/影响力（图3-10），可以根据具体情况选择维度。

## 5. 种类

针对用户的画像，腾讯用户研究与体验设计部中采用了3类用户画像[1]。

（1）以建立用户角色模型为目的的用户画像。根据用户的态度、使用行为、人口学属性等维度的数据，选取关键维度，对产品的目标用户进行分类和描述，最终形成几类差异化的典型用户群体的研究方法。

（2）以持续跟踪产品用户使用变迁为目的的用户画像。同样关注用户的态度、使用行为、人口学属性等维度的数据，还更注重持续跟踪，关注数据的纵向变化。通过观测

[1] 腾讯公司用户研究与体验设计部. 在你身边 为你设计III 腾讯服务设计思维与实战[M]. 北京：电子工业出版社，2021：38-39.

图3-10　用户画像（戴佳妮制作）

描述用户在产品使用中的行为习惯与特征，不断洞察用户的体验痛点与新需求，从而为优化体验提供支持，推进产品侧落地。

（3）以更全面和更精准的描述用户标签属性为目的的用户画像。随着大数据技术的发展，这个方法在互联网企业已非常常见，比如广告主可依据大数据精准投放目标人群。

服务设计不仅仅是针对用户，而是进行相关利益者的分析。在进行人物画像绘制时，有To C（消费者，Consumer）的用户画像和To B（企业客户，Business）的客户画像。不同类型的画像侧重点也不同。To C的用户画像，依据用户调查进行聚类，进行分群分层描述，以看清不同类别用户的特点和偏好。To B的客户画像更偏重于决策人或关键业务环节负责人的角色，以建立更立体、更具象、更人格化的需求分析和挖掘，从而更精准地设计产品和服务。B端的创新产品和服务更强调企业带来的业务价值，侧重工作场景和任务，以及项目的成本和效率。B端决策周期更长，一般会有多人参与评估和把关。由此，B端客户画像除了客户肖像、姓名、客户职业信息、客户个性定位等常规内容，还包括客户企业信息、企业决策树、客户个人面临的挑战和痛点、客户公司面临的挑战和痛点、行为驱动因素、工作场景、客户原声、支持数据等。在综合考虑用户与企业需求时，需要平衡好企业的效能和终端用户的体验。

## 三、用户同理心地图

同理心地图是团队用来深入洞察其用户的协作工具（图3-11）。它使团队可以将现有对用户的了解进行视觉化呈现，用以表示一组用户群的想法和感受，帮助研究人员了解用户需求，从而促使团队更好地做出决策。

构成：

所说（Says）：他持有什么样的态度？会对其他人说什么？

图3-11 用户同理心地图

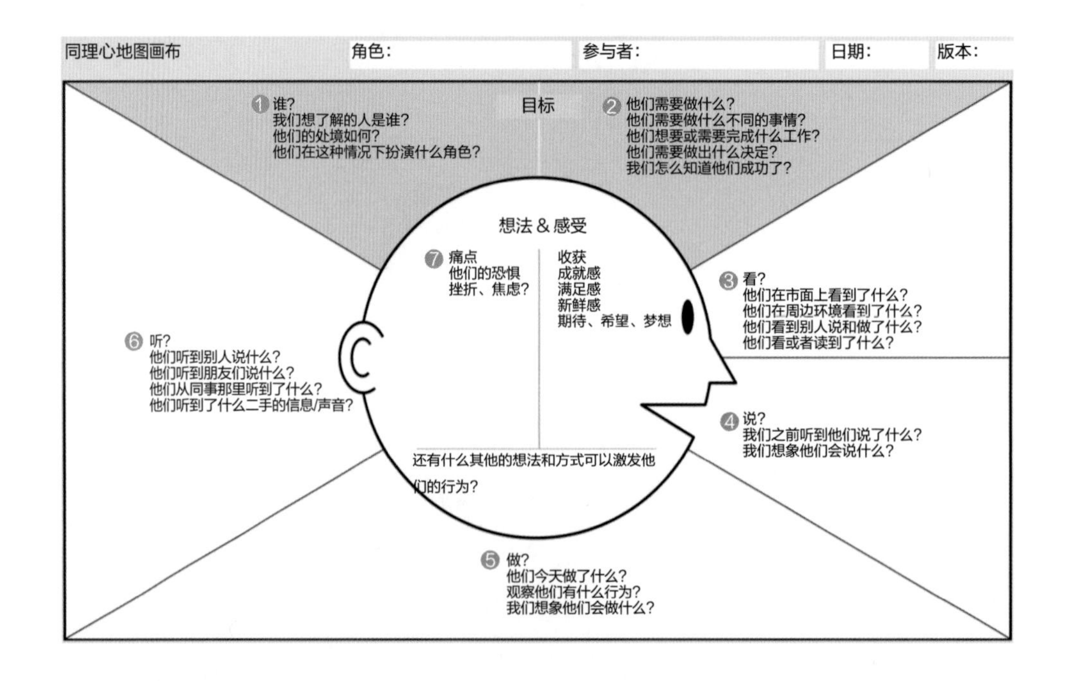


所做（Does）：他为了达到一些目的做了什么？

所想（Thinks）：哪些事对他来说是重要的（可能是不会公开说的事）？他的梦想和渴望是什么？

所感（Feels）：他的情绪会被什么触动？

目标（Goals）：他真正想要和期望获得什么？

同理心地图不等于用户画像，同理心地图和用户画像都是用户研究的不同工具，是相辅相成的关系，目的都是为了更好地完善用户体验。通常情况下，同理心地图是制作UX用户画像的第一步，当然，也可以穿插进行。

## 四、用户旅程图

### 1. 作用

（1）可视化上下游全程体验，帮助团队快速定位问题。用户旅程图用叙事的方式，把用户与产品/服务交互的关键阶段，以时间轴的方式逻辑化地展示出来，使用户整个体验中的触点显而易见，能发现整个环节中更多用户的痛点与需求。

（2）以用户为导向，为团队提供共同认可的探讨标准。用户旅程图是非常经典的“以用户为中心”的工具之一，它用视觉化的方式，从用户的视角，将用户使用一个实体产品、数字产品或服务和品牌的端到端的体验，进行系统地呈现，以此增强设计师和用户及各个相关方的整体共鸣。通过这样的上帝视角的全局审视，将利益相关者与部门集中在一起，形成同理心，达成共识，有利于优化用户程序，优化用户体验。

### 2. 要素

用户旅程图没有固定形式，只要能清楚表达整个故事（图3-12、图3-13）。但无论它们的外观是什么样子，每个用户旅程图一般会包含以下关键要素：角色（Actor）、情景（Scenario）、旅程阶段（Stage）、行为（Action）、想法（Mindset）、情感

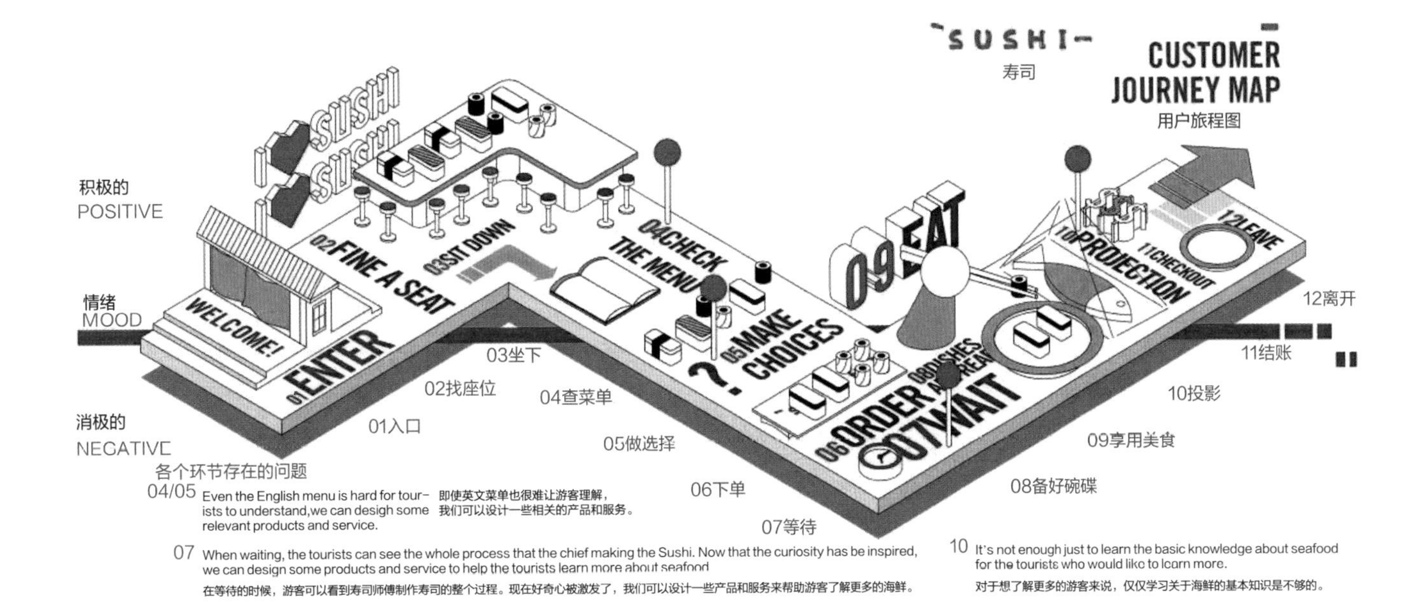


图3-12　寿司店用户旅程图

（Emotion）。其中情感代表了用户体验过程中的情绪，包括痛点、爽点（收益点）以及连接起来的情绪体验曲线。用户旅程图上一般会依据痛点、爽点进行机会点分析。

### 3．绘制方法

（1）选取目标用户。绘制用户旅程图时，需要基于前期的用户调研，明确目标用户，提取出用户的特征。由此，思考目标用户的行为过程。当产品或服务涉及多类目标用户，需要搭建多个用户旅程图。服务设计是对企业资源（人员、道具、流程）进行规划和组织的活动，目的是直接提高员工的体验，间接提高客户的体验。除了为客户端和服务端上的用户设计之外，服务设计还检查系统本身的组织，寻找机会重新设计关系或重新安排用户旅程。

（2）划分旅程阶段。用户旅程图以非常逻辑化的方式展示用户和企业互动的阶段、步骤和行为，引导企业发现问题的真相。按照时间先后顺序，将用户体验过程归纳为若干旅程阶段，以备后续逐渐展开讨论用户行为。一般按照服务的“前中后”划分，可以依据具体服务内容细化。如政务办事可分为事前咨询阶段、事中办理阶段、事后领取确认阶段三个阶段。

（3）罗列用户行为。在旅程阶段下，继续细分用户动作，需要尽可能考虑到用户可能的行为，但仍聚焦最关键的主流行动路线，不罗列非用户自己的行为。在表述时，用动名词的表达方式，能直接体现出服务触点，如“提交报表”以动词“提交”与触点“报表”构成。团队在讨论时，可以采用四色贴纸法，将用户活动统一采用一种颜色贴纸，如黄色贴纸，以便后面进行。依据时间顺序，将用户的主要活动进行排序，并将代表行为的相应颜色贴纸按序贴好，不要重叠。

（4）记录用户体验。针对用户的每个行为，记录用户体验。上面贴获益（可用绿色贴纸），下面贴痛点（可用粉色贴纸），注意，上下一定是对应的。且贴纸离代表行为的便利贴的距离代表痛或者愉悦的程度，距离越远，代表程度越大。依据绿色、粉色便利贴，绘

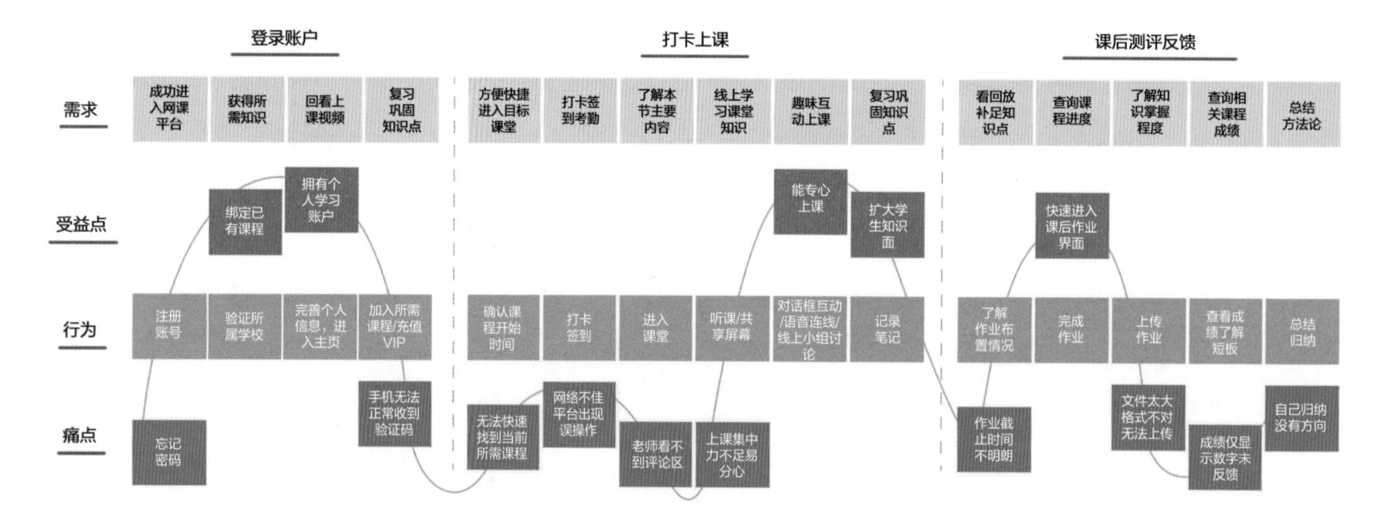


图3-13　用户旅程图分析时的便利贴讨论

制情感曲线，每一个行为对应一个节点，体现每一个环节的用户情绪愉悦/痛苦（图3-13）。

此外，还可采用腾讯的方法，先描绘出用户预期，再记录实际体验，即绘制两条情绪曲线，以便根据预期与实际体验的落差，评估情绪点，分析缺口。

（5）分析用户痛点。依据用户情绪曲线，分析每一个引起用户不快的接触点，是什么原因引起用户不快。

（6）总结用户需求。依据痛点，总结用户需求，也可以称为发现机会点。依据便利贴图，绘制电子版用户旅程图（图3-14、图3-15）。

把用户旅程图的初稿用大尺寸的纸张打印出来，固定在黑板上，然后召开团队会议，使每个人都可以近距离地查看到记录内容，并标出问题、想法和改进建议。这种亲自动手的设计活动包容性更强，可以使所有决策者共同参与，还能有效地保证用户旅程

图3-14　线上学习App用户旅程图（戴佳妮绘制）

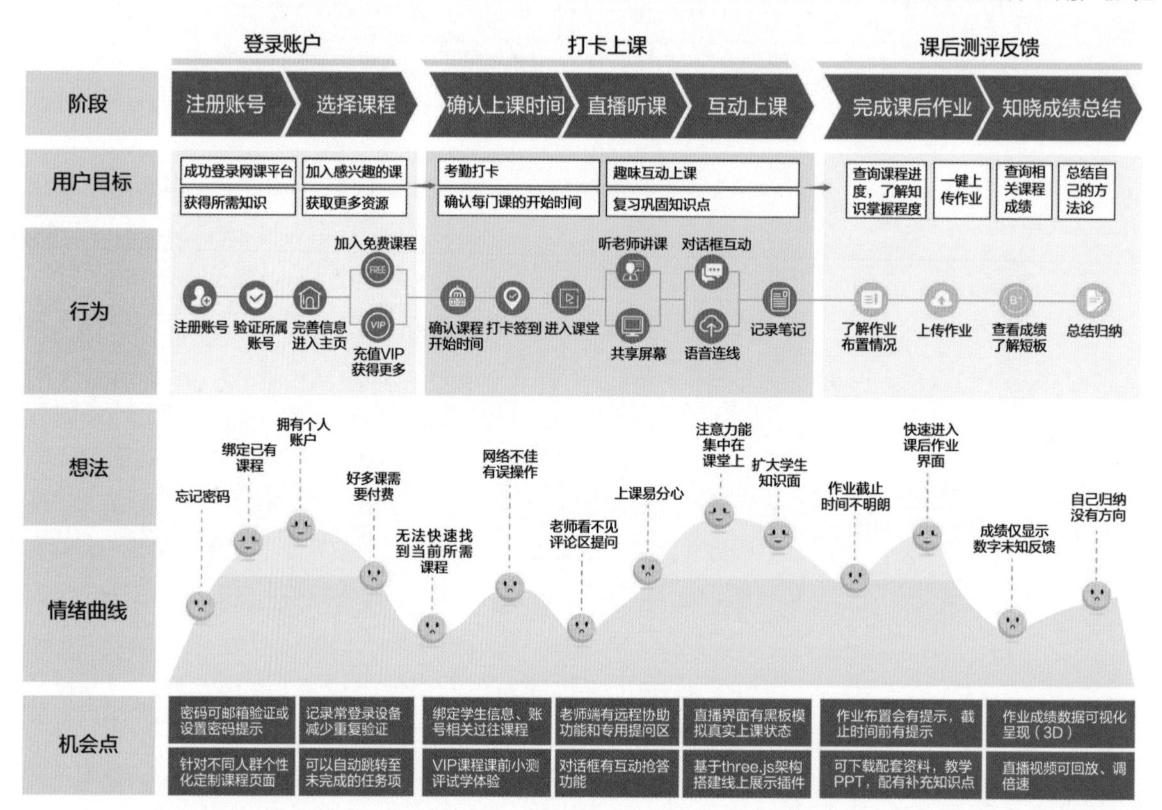

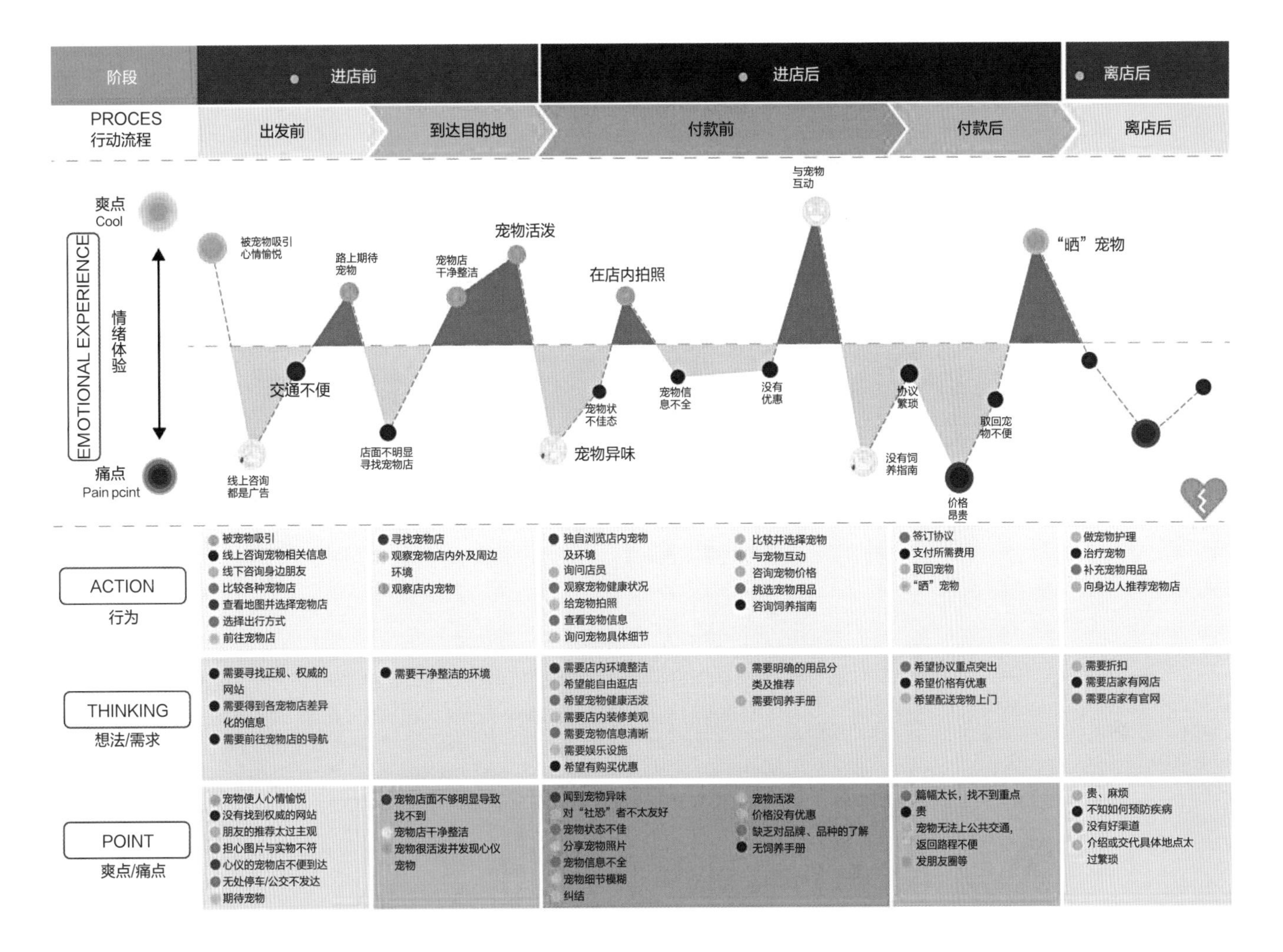


图3-15　宠物店服务用户旅程图（朱赟龙绘制）

图为团队提供真实可靠的资料信息。

每一张用户旅程图都应该体现一个特定人物的体验过程，并且包括对这个人物的描述。如果角色不止一个，就需要创建多个用户旅程图，体现每个角色不同的任务和目标，及体验中的各种成功与失败。

## 五、设计定义总结

依据用户情绪曲线选择用户体验优化思维模式、分析各个体验改进的优先性（见第二章第五节），结合公司或品牌的价值主张，选择合适的环节进行优化，提炼出设计关键词，总结设计目标。可以采用价值地图方式展现相关用户诉求与企业价值主张。

### 1. 提炼设计关键词

根据企业核心理念以及定位，寻找设计定义的关键词。设计关键词的核心用处在于描述产品或者服务的自身定位和用户的使用感知，可以用几个形容词来表达，比如：智能的、有陪伴感的、年轻的、潮流的，可以跟感性工学中的意象结合起来。

设计定义关键词基于用户与市场调研，通过头脑风暴讨论出结果。可以从三个维度来思考：用户的使用动机（Why）、对产品的功能诉求（What）、期待的体验感受（How）。以烹饪产品为例：

使用动机：用户为什么要选择这个产品或服务？是因为不想被做菜时的油熏到脸，还是想回到家就吃到美味的食物？

功能诉求：用户使用产品去达到某个目标时，对产品提供的功能与服务的诉求，如智能化的烹饪方法。

体验感受：用户在使用产品或服务后的综合感受，如方便快捷的服务等。

设计团队可以采用头脑风暴在三个维度上提出关键词，对关键词投票。选择关键词时可以给参与投票的人提供参考准则，也可以从三个维度上思考：

（1）体现产品或服务的愿景和情怀，体现出设计者的社会责任。当然，如果是企业真实项目的话，还可以看看公司创始人对公司、对产品提出的愿景和初心，也有助于获得高层的认同和推动。

（2）和设计定位或用户期望相匹配，从而突破视觉层面的局限，从功能、体验层面去思考设计的价值。

（3）和竞争对手的差异性，体现出品牌的独特性，方便用户区别和记忆。

### 2. 总结设计目标

依据前期的目标用户分析，痛点、机会点分析，使用场景分析，提出设计目标，整理成设计清单，以备后续设计时进行检验（图3-16）。或者用设计机会点来表述，有的也称为观点陈述（Point of View，POV）。通过用户旅程图或用户同理心地图或价值画布等方法的梳理和分析，可以挖掘出需要解决的问题。POV可被用来总结一个特定用户是谁，需求是什么，创新的机会点在哪里。

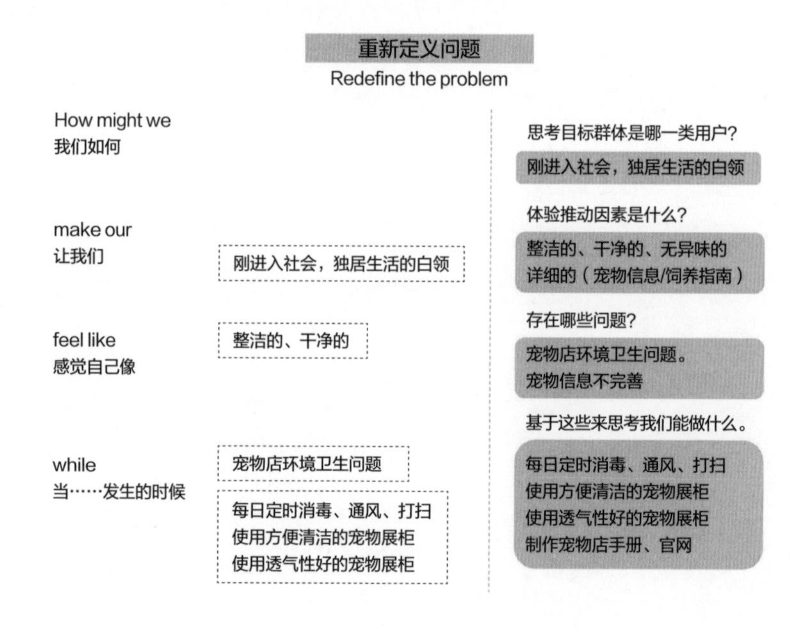


图3-16　定义问题示例

如：______用户，在______阶段存在______需求，存在______创新机会点，此机会点可帮助用户达到______的目标。

这样的机会点阐述有助于团队在设计之初就明确目标用户、情境、需求、解决问题目标，并时刻对照此目标，度量项目是否成功。

### 3. 价值主张画布

在设计定义总结时也可以采用价值主张画布来呈现（图3-17）。价值主张画布是在《价值主张设计》一书中，由作者阿莱克斯·奥斯特瓦德（Alex Osterwalder）提出的一款工具，用于了解客户的真正需求，同时为之设计相对应的真正解决方案。它的终极目标是让创业者或企业提供的产品与市场相匹配，吻合市场需求。价值主张画布的设计用于创新和改进价值主张，在组织内创建一种创造价值和商业模式的共同语言。好的价值主张设计，强调用户最重要的工作、痛点、收益，但不需要解决用户所有的痛点和收益。价值主张画布由两部分组成：

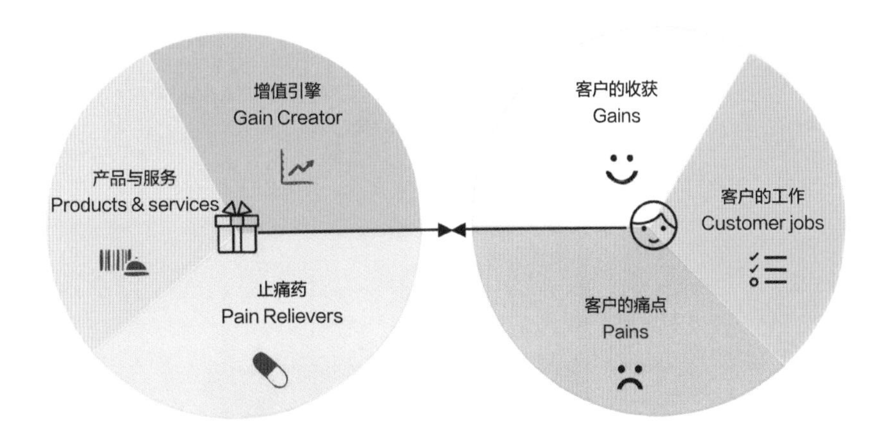


图3-17　价值主张画布

（1）用户（客户）概况图。其包括三部分内容。第一，用户（客户）工作：用户（客户）用自己的话表达他们的工作和生活。第二，痛点：妨碍用户完成任务或用户在完成任务过程中所产生的问题，可能是用户不想要的结果、问题及特性，可能是妨碍用户开始任务或使任务放缓的因素，也可能是风险。第三，收益：用户想要的结果或效益，包括功能效用、社会收益、积极情绪及费用节省。

（2）价值图。价值图部分是基于用户（客户）概况，描述打算提供何种产品或服务来缓解用户痛点或满足其期望为用户创造价值，也由三部分组成。第一，产品和服务：罗列提供的服务或产品清单，这些产品和服务能够帮助用户完成功能性、社会性或情感性工作，或能够帮助他们满足基本需求，包括有形的商品、无形的服务、数字的产品、财务的服务等多种类型。第二，痛点缓释方案：如何减轻特定用户的痛点，关注能减少最极端的、有限的几种痛点。第三，收益创造方案：产品及服务如何创造用户收益。

由此，价值主张画布简明扼要地强调了用户最重要的工作、痛点与收益，也指明了待设计的产品与服务清单、设计目标、体现价值。价值主张画布可以贯穿成为后续设计过程的导向。

## 第四节　设计发展阶段的工具与方法

在明确设计定位与方向后，需要激发人的创造力和想象力，形成有创意的想法。利用上一阶段的产出，以综合市场及企业端需求塑造的核心价值主张为中心，结合用户需求，进行设计共创。共创不仅需要设计团队共创，条件允许的话可以直接让用户参与设计。在共创阶段有一系列的工具和方法，如“635头脑风暴法”“如果卡（what if）”“六帽法”“奔驰法”等，以此激发不同背景的人，针对同一个创新挑战共同发现需求、定义需求，找到创新的机会点并产出方案。在共创中，用户和企业的角色被重新定义。双方不再只有简单的买卖关系，而成为品牌的共建者。创新方法不胜枚举，总结下来，需要打破边界、不怕失败、善于质疑，同时获得及时的反馈。除了通过各种方法激发创意，更需要在日常生活工作中持续观察、反思、记录灵感，提升我们的“觉性智慧”。

在设计共创（图3-18）进行创新后，再对方案采用DVF筛选法，从用户合意性、商业可行性、技术可行性三个方面考虑，也可以从SET（社会、经济、经济）可行性或其他类似的角度考虑。之后，可以应用重要性/确定性将概念进行排序，对重要性高又能预估效果的概念可以优先推进执行，进行设计方案的视觉化呈现。

图3-18 设计共创

## 一、头脑风暴法

头脑风暴是在设计创意时使用比较多的方法。使用时需要注意：要先追求数量，暂缓评论，图文并茂，可以加上标题，可以基于别人的想法充分发挥，同一时间一个人发言，允许异想天开，特别注意不要偏离主题。由于头脑风暴法容易偏离主题，喜欢表达的人容易在发言中占据主导地位。由此，头脑风暴法有不少变体，如635头脑风暴法、六帽法等。

### 1. 635头脑风暴法

德国人罗尔巴赫发明了“635头脑风暴法”，也叫默写式头脑风暴法，与头脑风暴法原则上相同，不同点是把设想记在卡上。这种方法避免了表达力强的成员持续引导发言，从而给予团队中每一个人发言和表达的机会。

使用方法：

（1）参加者为6人，但不局限于6人。

（2）每人面前放置1张设想卡（正反面都绘制3×3格子），卡片平均分为3部分，每部分可画3个方案，每张卡片可以罗列9个方案。开始进行前，由出题者提示问题，如有疑问点，必须预先提出。

（3）参加者每人在5分钟内写出3个设想。

（4）5分钟一到，每个人都要将卡片传给右邻的参加者，右邻的参与者在前面所有人的基础上开始构思3个新的设想。

（5）以此类推，在半小时内共完成6轮设想，可以完成108个设想。

### 2. 六帽法与迪士尼法

（1）六帽法。可以采用六帽法给头脑风暴的参与者进行角色定义，每个人戴上不同颜色的帽子，思考角度不同，从而使得共创团队中每个人发挥不同的作用（表3-4）。

表3-4　　六帽法的使用方法

| 颜色名称 | 颜色心理特点 | 思考角色功能 |
| --- | --- | --- |
| 白色 | 冷静的、信任的、纯粹的、智能的 | 白色思考帽代表的是事实、数字和客观的信息。在白色思考帽状态下，参与者中立而客观地关注数据和事实，陈述相关的背景资料 |
| 红色 | 热情的、自信的、权威的、火焰般的 | 红色思考帽表征的是情绪、情感、直觉、本能。在红色思考帽状态下，参与者毫无顾忌地直接表达自己的直觉，用感性去看待和理解问题，只需直抒胸臆即可，个人的偏好和感受等本真的情绪更加重要 |
| 黑色 | 低调的、沉稳的、谨慎的、危机感的 | 黑色思考帽是“魔鬼”的代言人，象征了消极的思想。在黑色的笼罩下，参与者会更加关注缺陷或者不足，竭尽全力谨慎而保守地全面考虑不良影响，并及时提出不能有效实行的原因以防患于未然 |
| 黄色 | 丰收的、希望的、有信心的 | 黄色思考帽是积极的代言人，象征了逻辑性、希望、正面的建设性意见。参与者毫不吝惜自己的肯定和赞扬，乐观地发现自己的肯定和赞扬，乐观地发现决策能带来的全部好处和价值 |
| 绿色 | 自由的、安全的、清新的、有活力的 | 绿色思考帽象征了创意、天马行空的想象、产生新的挑战性的想法以及不受牵制的平行思考。参与者在戴着绿色思考帽时，会在几乎没有苛求和束缚的心理条件下自由思考，提出各种可以深究或者不可以深究的创造性意见，用一种创新想法抛砖引玉，激发另一种创想，随时欢迎梦想、遐想，甚至妄想 |
| 蓝色 | 知性的、独立的、诚实的、坚定的、智慧的 | 蓝色思考帽象征了沉着冷静的思考模式，以及对思维过程的控制和调节。参与者控制会谈的进程并决定思路的顺序，在思考进入瓶颈期面临困境的时候，蓝帽思路可以引导整个决策活动，并要求绿帽发言或者黑帽发言来开辟出新的路径 |

对六顶思考帽理解的最大误区就是仅仅把思维分成六个不同颜色，对六顶思考帽的应用关键在于使用者用何种方式去排列帽子的顺序，也就是组织思考的流程。只有掌握了如何编织思考的流程，才能说是真正掌握了六顶思考帽的应用方法，不然往往会让人们感觉这个工具并不实用。所有人要在蓝帽的指引下按照框架的体系组织思考和发言，不仅可以有效避免冲突，而且可以就一个话题讨论得更加充分和透彻。

使用方法：

1）确定此次会议讨论主题。戴白色帽子者客观描述此次会议所讨论的主题，明确所要解决的问题。

2）提出创造性的解决方案。戴绿色帽子者，目的是鼓励颠覆性创新。此时的原则是轮流发言，保证每个人都要参与；与会人员只肯定、不否定任何意见；不考虑方案是否实际、不考虑方案能否顺带产生其他价值、不考虑方案是否损害了某位人员的利益等。

头脑风暴结束后，再通过思考方案的价值、弊端，最终做出决策。

3）分析该解决方案的优点。戴黄色帽子者逐一对方案进行优势列举。

4）分析该解决方案的缺点。戴黑色帽子者逐一对方案进行劣势列举。

5）凭直觉选择较优的方案。戴红色帽子者根据黄黑帽提出的优劣，凭自己直觉进行方案的选择。

6）系统思考作出最终选择。戴蓝色帽子者对前述讨论进行复盘并系统思考，作出最终选择。

（2）迪士尼法。迪士尼法与六帽法类似，应用了平行思维的原理，让小组成员依次扮演梦想家、实干家、批评家，帮助参与者在采取行动之前，通观全局，制定出最有效的策略，采取最有效的行动，避免对时间造成巨大的浪费。迪士尼法是由迪士尼童话王国缔造者罗伯特·迪尔茨（Robert Dilts）于1994年提出。他说："没有现实主义的梦想家，就无法将想法变为现实。缺乏实践的批评家和梦想家，只会陷入永恒的冲突。梦想家和实干家可以一起创新事物，但是如果没有批评家，他们很难做出高质量的产品。批评家可以评估和完善具有创新力的产品。"

该方法在使用时，要注意每个小组成员必须依次扮演三种角色。可以是共同进出三个圈子，或分成三组，每组各站一圈，互相扮演该圈指定的角色，一段时间后各组再转移位置。

### 3. 我们可以这样（How Might We，HMW）

据传，该短语由宝洁公司（Proctor and Gamble）的明·巴萨德尔（Min Basadur）推广开来，接着IDEO、Google、Facebook等公司内部采用了此方法。"我们可以怎样"（HMW 即 how might we）这种提问式方式确保创新者正在使用最佳的措辞提出正确的问题，且这个短语中的每个词都有助于激励创造性解决方案的产生。

操作方法：

（1）从你的观点（POV）或问题陈述开始。在开头添加"我们可以怎样"来将你的观点转变成几个问题。

（2）将较大的POV挑战拆分成一些可执行的小任务。

（3）每个人在便利贴上写下自己的方案，一次写一张。要求HMW不过分宽泛，也不过分细化。

（4）分类整理。

### 4. 奔驰法（SCAMPER）与奥斯本法

奔驰法是一种常见的创意思考工具，由心理学家罗伯特·F·艾伯尔（Robert F. Eberle）提出。SCAMPER中7个字母分别代表含义如图3-19所示。与此类似的是奥斯本检核目录（图3-20）。

使用方法：

（1）将要讨论的主题或挑战写到画布的左上角。

（2）罗列出SCAMPER核检目录的7个问题，或者事前直接列好。

（3）选择SCAMPER策略7个方法中的任何一个进行提问，每个人都可以将自己的

图3-19 SCAMPER检核目录
图3-20 奥斯本检核目录

| SCAMPER检核目录 | | | |
|---|---|---|---|
| S | 替代 | Substitute | 何物可被替代? |
| C | 合并 | Combine | 可与何物合并为一体? |
| A | 调适 | Adapt | 原物可否需要调整的地方? |
| M | 修改 | Modify Magnify | 能否修改原物特质或属性? |
| P | 其他用途 | Put to other uses | 能否有其他非传统的用途? |
| E | 消除 | Eliminate | 可否将原物变小?浓缩?或省略某些部分? |
| R | 相反或重排 | Reverse Rearrange | 可否重组或重新排序?或把相对位置对调? |

| 奥斯本检核目录 | | |
|---|---|---|
| 相反 | Reverse | 可否以相反的作用或方向做分析? |
| 转化 | Transfer | 是否有其他用途? |
| 合并 | Combine | 可否重新组合? |
| 改变 | Change | 能否修改原物特性? |
| 延伸 | Extend | 能否应用其他构想? |
| 放大 | Enlarge | 可否增加些什么? |
| 缩小 | Reduce | 可否减少些什么? |
| 替代 | Substitute | 可否以其他东西代替? |
| 重新配置 | Rearrange | 可否更换顺序或模式? |

想法写到便签贴上，然后放到画布中间的灵感空间。

（4）想法足够多时，可以通过分类、汇总、投票，优先选可行的想法画出草图或制作原型。

## 二、情绪板

共创后提出了一系列设计方案，通过DVF方法、重要性/确定性等方法（见第二章初步筛选部分，P16）初步筛选后，确定设计方案要点，并进行视觉化表现。在进行视觉化时，首先挖掘品牌元素，推导视觉风格。情绪板是由能代表用户情绪的文本、元素、图片集合而成的，是设计领域常用快速定义设计方向的方法，可帮助设计师及团队加深对用户视觉倾向上的理解，提取配色方案，寻找视觉元素，从而定义视觉风格。根据前述提炼的关键词，搜索相关灵感意向图来确定风格，制作情绪板。选择相关图片时覆盖领域尽量广泛，并选择内容指向性单一的图片，如颜色、质感、氛围、场景等。在设计线上学习软件界面时，依据App界面风格融入视觉元宇宙概念的定位，制作了该界面情绪板，让人产生轻柔舒适、神秘科技的感受（图3-21）。如果团队人数较多，工作时间允许的情况下，根据选定的关键词可以找到一二百张图片。通过投票或专家评审的方式，选出10～20张图片放置在一个关键词所属的情绪板中，作为后续风格探索的基础。

## 三、原型制作

在设计定义与情绪板的视觉引导下，进行设计方案的视觉化，进行原型制作。根据产出的不同，可以制作不同类型的原型，包括产品原型、数字化原型与服务原型。

### 1. 产品原型

产品原型是有形的，是看得见摸得着的，可以采用草图、乐高模型、硬纸板、计算机模型、3D打印等方式表达。草图、乐高模型、硬纸板等低保真原型可以作为素描原型

图3-21 界面情绪板（戴佳妮制作）

图3-22 手绘草图（张锦初绘制）

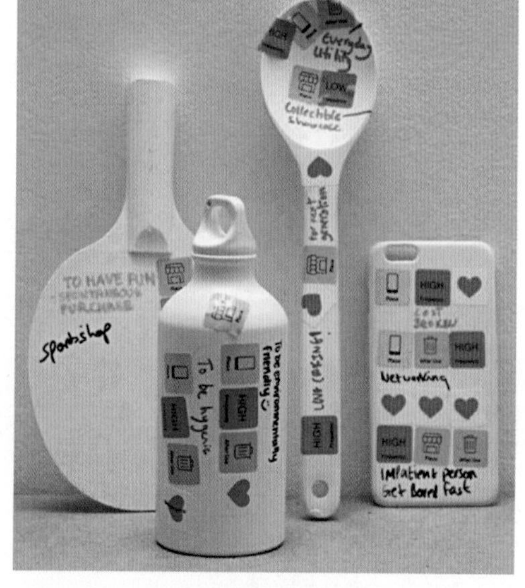


图3-23 在现有产品上进行方案构想

被重复审阅，或者证明概念模型、测验形式和规模的各个方面（图3-22）。低保真模型还可以在现有产品上做局部表达（图3-23）。

高保真工业设计原型的实例包括计算机辅助设计（CAD）、实物形式的精密模型或者具有某种程度交互功能的工作模型（图3-24）。

### 2. 数字化原型

数字化原型可以用手绘的方式画出流程图，也可以用墨刀、Axure等软件做出高保真界面，或者视频模拟操作过程。界面和软件设计的低保真原型通常为用户用纸质原型代表界面屏幕（图3-25）。在完成一项任务或者接近一个目标时，参与者要标明想要在每一个页面上做什么，而研究人员则会更换后几页的顺序来模拟界面反应。有时候需要

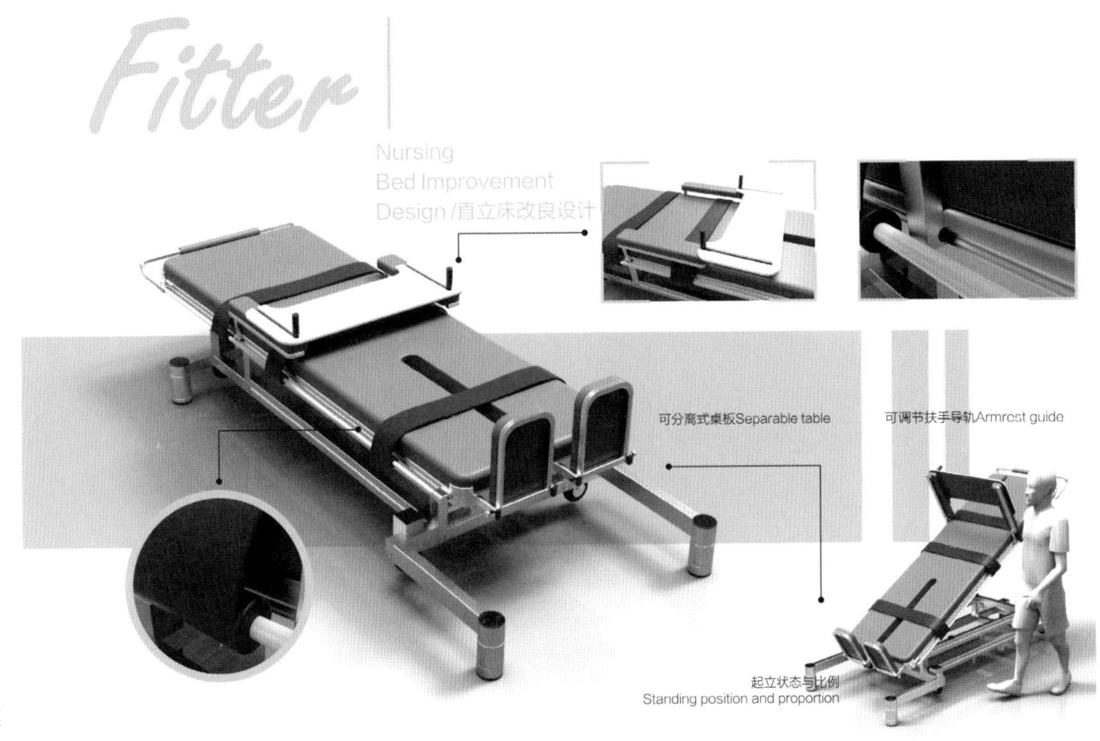

图3-24　计算机建模
（张旭峰制作）

直接用注释或代码在纸质原型上面记录出现的问题或获得的积极回应。可以有不同程度的数字化原型（图3-26、图3-27）。

图3-25　手绘的App界面

3. 服务原型

服务原型是无形的，可以通过橡皮泥、手绘场景等搭建出服务的场景，可以使用纯文本、故事板或视频来呈现，也可以真人演绎故事。服务原型一般都会有设计脚本，虚构一个内容翔实的故事，旨在探索服务提供的某个特定方面。研究数据用来构建一个可信的场景作为设计脚本的基础。为了提高真实性，可以将任务角色融入设计脚本中，以便给该场景定义一个清晰的角色。设计脚本几乎可以用于服务设计的任何阶段，“负面”的脚本容易发现现有产品的问题，“正面”的脚本可以展现开发产品的特色。这些脚本都有助于回顾、分析、展望并理解最终确定服务体验的驱动因素。具体可以见以下故事板、情景法、角色扮演法。

## 四、故事板

故事板源于电影摄影传统的工具，是针对特定情景的直观体现，帮助设计师针对服务中出现的相关问题和要素进行论证，并用恰当的方式注解。故事板直观地呈现影响人们使用产品的方式、地点和原因，侧面体现影响使用的主要社会、环境和技术因素。故事板叙述的内容十分丰富，且可用于换位思考最终用户的想法之中，

图3-26　App界面草图示意（戴佳妮绘制）

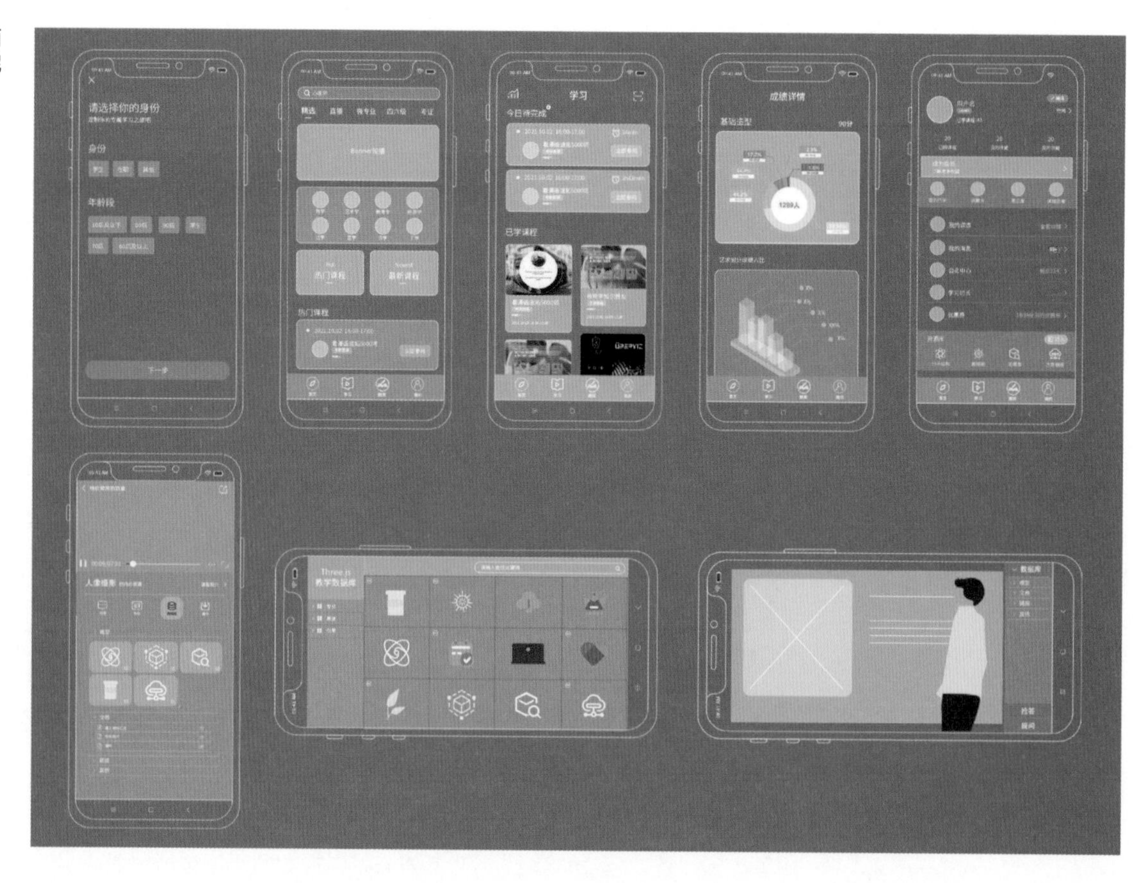

图3-27　App界面（林豪绘制）

重新构建多渠道接触点，并在设计过程的早期阶段考虑可以替代的设计方案。

故事板一般采用分镜的方式，通过一系列图纸或图片进行用例展示，展现与产品/服务相关的各个步骤流程。在提出问题阶段通常采用遇到困难的故事，提案阶段通常采用正向解决问题的故事。服务故事板展现着每一个接触点的表征以及触点和用户在体验创造中的关系。一般选取故事的关键事件，包括事件起因、用户行为、用户感悟、事件结果、理想结果。在绘制时，可以先按照远景、过肩镜头、主观镜头、近景。形式可以采用照片、照片转换成素描、照片与手绘结合等方式。

故事板设计专家通常会使用3~6个情节表达一个观点。每一个故事板应该集中表达一个突出的概念或想法。如果需要表达多个信息，就需要考虑设计多个故事板，用每一个故事板描述其中的一个信息（图3-28）。

图3-28　宠物就医故事板（唐天慧绘制）

根据可以引起观众共鸣的信息设计故事和故事板。例如，如果观众是利益相关者，则要主要说明潜在的设计机会；如果观众是开发人员或程序员，则要主要说明最可能运用产品或形式因素的场景和背景；如果观众是视觉设计人员，则要主要描绘界面的细节；如果观众是用户，则要主要体现换位思考的情景，以确定这样的设计是否符合现实、是否具有意义。

## 五、情景法

与故事板类似的是情景法。情景法是一种从用户的角度探索产品未来的使用方向，帮助设计小组预测产品在人们日常生活中扮演何种角色的叙事方法。情景法通常以未来为背景，描述人们使用产品或享受服务的经历。设计情景故事的最终目的是获得明确具体的设计思路，这样设计小组可以从用户的角度预见产品在未来可能的使用方式。通过故事，把用户、环境、行为等要素串联起来，并能细腻地捕捉到用户在实际场景中到生理、心理特点，帮助设计、产品找到潜在的产品问题和市场机会。与情景法相比，故事板具有高度可视化效果，而情景法在其制作方面可以提供启发性指导。两者相辅相成，互为补充。

情景法是对服务做故事性的假想，是具有充分细节和行为含义的服务情景讲述，服务场景可以用在服务设计过程中的任何阶段。当用在对现存服务的提升分析时，情景法可以帮助促进头脑风暴来激发解决方案。当用来对新的服务原型进行分析时，可以帮助设计团队发现潜在的问题。基于情景法预测人们在特定情况下的行为方式，对使用环境和预期用户没有严格定义，是一种灵活且经济高效的方法，非常适合设计新产品概念、识别潜在用户和服务环境。缺点是情景法前期的归纳故事要素和故事主线两步操作，容易流于形式，一旦没有经过严谨的归纳，会让后期的工作建立在歪曲用户故事的基础上，反而导致错误的研究方向。虽然容易打动人心，但会带有一定的偏颇，最好结合定量数据分析工具来更全面地分析用户。

使用方法：

（1）确定想要表述的事件。

（2）在服务情景描述之前先建立基于调研结果的人物角色是必要的，是增强服务情景描述效果的重要工具，描述他们的动机、能力、知识。

（3）将事件的主角（各个利益相关者）置入到某一个或某一些场景中，将其使用时的触点情境罗列出来。即考虑与角色互动的工具或者物体，这个场景发生的一系列事件和最后的结果，用户为达成目标而所制订的计划，以及对结果产生的反应。

（4）控制篇幅和内容，一般100～200字，并标注情景故事中的要点。可参考的标注主要有：主要行为流程图、标注故事中的物品及其状态、标注机会点。

## 六、角色扮演法

在真实或接近真实的条件下服务概念设计模型是至关重要的，但有的时候无法直接进行观察，或者直接观察可能涉及道德问题，比如调查个人敏感问题，或者很难找到实际用户，这时候使用角色扮演模拟活动就显得尤其有效。服务设计思维采用不同于戏剧的表演形式和角色扮演方法，可根据用户担任的角色，编制一套与实际情况相似的活动，将用户安排在模拟的、逼真的工作环境中，处理可能出现的各种问题。团队的每个成员在概念领域扮演不同的利益相关者角色，从用户的角度思考问题，以寻找更多的设计灵感。它的演变进程包括：多次执行相同的情景，改变每个情景的人物角色，以便理解不同的用户在相同的情况下将如何行动。

采用这种好玩的方法不仅有趣，容易引起用户的情感共鸣，而且是一种以低成本测试无形概念的有效方法，便于在改进这些概念的过程中进行快速干预和测试，但是仍然需要投入一些精力，才能让角色扮演与用户的现实生活紧密联系起来。需要将服务情境发生的环境以舞台布景的方式呈现，简单布置舞台不仅可取，而且能激发参与者更丰富的想象和更有创意的反应。对角色扮演和模拟的批评需要找到适当的平衡点，避免不够真实，或太过真实，做出伤害性、破坏性行为。表演活动不一定要真人扮演，可以借助一些道具来完成。

使用方法：

（1）尽可能依据现实场景和用户行为，并用收集到的足够信息指导整个过程，或者至少结合访谈、脉络访查或次级研究等方法获取用户信息。

（2）以信息卡的形式写下需扮演角色的性格特征、情绪感受等。

（3）以推取卡片的方式来决定进行表演，并同时拍摄照片、录下视频或做笔记记录下不同表演同一角色的过程。

（4）分析每个角色的表演，提取共性的需求，评估角色扮演带来的真实感受。

## 第五节　设计发布阶段的工具与方法

“敏捷开发”不仅仅是纸上谈兵的概念，而是企业生存和发展的生命线。通过快速的草案制作并进行原型测试，有利于快速设计迭代。通过用户参与、快速试错、获得反馈、持续迭代、小步快跑，在原型测试及落地阶段，不断试验调整，便能降低市场风险，避免因无力承担早期计划所需的大量资金、昂贵的产品上架费用而失败。LinkedIn公司联合创始人雷德·霍夫曼（Reid Hoffman）建议，当我们“快速迭代并发布”时，不要一味追求完美，而是更关注与获得需要的反馈。快速迭代还可以防止因完美主义而降低效率而错失良机。

### 一、原型测试

通过创建快速原型，在设计流程的早期阶段验证对真实客户需求和行为习惯的假设。这不仅能让公司更清晰明确地稳步迭代，解决问题，同时也能提高产品进入市场后成功率。一般如果快速迭代时，可以采用一位采访者，五位目标用户，其余观看采访视频并记录用户反应。“5个”测试数是由用户研究专家尼尔森·像尼尔森（Jakob Nielsen）提出的。他在反复分析并总结了自己的83项产品研究后，得出85%的问题在仅仅访谈5个人后就被发现了。与其投入更多时间和资源去挖掘那剩下的15%的问题，不如先聚焦、先发现85%的问题，等这些问题被解决后再做下一轮的用户测试。

可用性测试分为较为完整、全面的系统型可用性测试和较为快速的敏捷性可用性测试。课程教学中基本采用敏捷型可用性测试，在概念阶段、低保真原型时以产品测试为主，要求不严格，速度优先，多为单点功能，关注点也不能太多。公司项目中，在前期也采用敏捷型可用性测试，实现小步快跑，多次迭代；在需全面了解产品、大版本迭代时，需要采用系统型可用性测试，在高保真原型、大版本上线前，运用深度访谈、产品测试、调查问卷、眼动测试等手段，进行严格周全、质量优先的测试，功能点多、关注点多，可覆盖产品、交互、视觉等不同层面进行体系化深度考查（表3-5）。

表3-5　　不同阶段推荐的测试类型

| 产品阶段 | 推荐测试类型 | 测试重点 |
| --- | --- | --- |
| 概念 | 敏捷型 | 快速验证产品概念，减少试错成本 |
| 低保真 | 敏捷型 | 快速验证功能，评估产品核心需求 |
| 高保真 | 系统型 | 系统测试完整的产品体验，包括性能、功能、内容、交互、视觉等方面，为上线做准备 |
| 上线后 | 敏捷型 | 快速查缺补漏，为下一版本规划设计做准备 |

测试团队需要提前分配好职责，一般会有1名提问者，1～2名记录员，1名观察员。提问者负责引导与提问。记录员A记录过程中用户对概念正面的回答，如容易理解的、喜欢的、感兴趣的等。记录员B记录过程中用户对概念负面的回答，如不容易理解的、不喜欢的、不感兴趣的等。观察员关注整个访谈中是否有遗漏的问题，以及记录自己看到的有趣的亮点。在访谈时用一对一采访，能给出大规模定量调查所不能提供的数据：为什么这个方案有效或无效。

### 1. A/B测试

A/B测试本质上是一个实验，其中两个或多个变体随机显示给用户，统计分析确定哪个变体对于给定的转换目标效果更好。A/B测试可以让个人、团队和公司通过用户行为结果数据不断对其用户体验进行仔细更改。这允许他们构建假设，并更好地了解为什么修改的某些元素会影响用户行为。

使用A/B测试比较同一设计不同版本之间的差异，找到与既定对象相比较后在统计学方面更优秀的作品。A/B测试是一种最优化技术，可以让人更清楚地看出同一设计不同版本之间的差异，从而找到与业务目标更相符的对象。A/B测试不会帮助给出“为什么”。A/B测试不是通过评估客户的心愿、态度以及需求的简单定性替换，同样也不能揭示比较重大的问题，例如客户是否信任你们的网站或者网址内容是否可信。为此，A/B测试需要不断补充其他定性方法，才能更深刻地了解客户的动机以及真正的需求。

A/B测试可以持续使用，以不断改善用户的体验，改善某一目标，如随着时间推移的转换率。在网站、移动产品开发过程中，或者在产品运营、广告投放渠道方式的选择中，我们总会面对各种产品方案和产品运营方式的选择。

使用方法：

（1）确定目标：目标是用于确定变体是否比原始版本更成功的指标。可以是点击按钮的点击率、链接到产品购买的打开率、电子邮件注册的注册率等。

（2）创建变体：对产品或服务原有版本的元素进行所需的更改。可能是更改按钮的颜色，交换页面上元素的顺序，隐藏导航元素或完全自定义的内容。

（3）生成假设：一旦确定了目标，就可以开始生成A/B测试想法和假设，以便统计分析它们是否会优于当前版本。

（4）收集数据：针对指定区域的假设收集相对应的数据用于A/B测试分析。

（5）运行试验：给被试随机分配控件或变体，测量、计算和比较他们与每种体验的相互作用，以确定每个用户体验的表现。

（6）分析结果：实验完成后，分析两个版本之间是否存在统计性显著差异。

### 2. 联合分析

为了让迭代设计和持续开发有效，在设计过程的早期阶段就将服务度量工具应用到服务系统中是非常有必要的。服务设计提供了一种以顾客的视角评估方案的问题解析路径，分析哪些顾客愿意为服务买单。联合分析法使得量化分析顾客的偏好成为可能。这种量化研究的方法能帮助团队挑选糅合各服务要素的最佳组合，预估具体服务设计创意方案成功的总体概率。通过对匿名购物、客户访谈、观察和内部跟踪资料的收集整理、获得服务指标的反馈，类似于关键绩效指标（KPI），从中识别出哪些是有效的，哪些是无效的。由此，团队能针对服务过程中的瓶颈开展相应的优化活动，从而最大限度地优化客户体验，提升品牌形象。

## 二、设计实施与呈现

在设计呈现时，周鸿祎提出："在介绍产品时，不要罗列什么功能和技术，而是要专注于产品的应用场景和具体的一个产品细节。"故事叙述法是以与消费者生活息息相关的某一场景为切入点，进而引入产品的介绍。故事的讲述最好包含三个要素：冲突、行动、结局。这三者分别对应着设计背景、设计过程、最终产品。在冲突中制造悬念，营造画面感，引起共鸣，最终升华结局，才能被称为一个好故事。前述的故事板、情景法、角色扮演法都可以使用。而现场演示法是通过演讲者现场演示产品的使用方法，相比于PPT、视频等形式能够更直观地向用户展示产品的功能。在演示讲解产品的功能时，最好能通过设置具体的使用场景来引起消费者的共鸣。

在实施阶段下，在愿景的指引下构想与罗列全方位的用户使用产品/服务的逻辑与方式。在用户接触产品的过程中，用户从视觉、听觉、触觉、嗅觉、味觉等多维交互细节中，感受产品与服务。通过服务蓝图（Service Blueprint）、服务系统图（Service System Map）、商业模式画布（Business Model Canvas）等方式提出服务系统的构想并分析可行性。

### 1. 服务蓝图

时任花旗银行副行长的林恩・肖斯塔克（Lynn Shostake）在20世纪80年代初最早提出服务蓝图，从而把成本、收益与服务实施联系起来进行规划。之后的相关学者、从业者把服务蓝图发展为一种综合性工具，创造性地对复杂的服务系统进行可视化、系统化的分类，使设计在落地时，从构想到改善系统的关键细节分析，都能做到有据可依，真正让创新变为现实。

服务蓝图可以在整个设计过程中使用，目的是确保接触点上的元素不孤立存在，每个接触点的设计更规范，减少冗余，改善员工体验。通过服务蓝图，让各部门的工作可视化，可协调合作。在制作服务蓝图时，也应由各个职能部门人员参加，如设计、市场、销售、产品、运营等，并优先考虑能更全面地接触研究数据、分析成果和人力资源的人，如图3-29所示。

服务蓝图可被视作特殊的用户旅程图，也可被视作用户旅程图的延伸。用户旅程图专注分析前台的用户体验，服务蓝图则重点分析组织中台、后台的支持，将前中后台之间的活动联系起来。服务设计由表及里，将触点、用户体验和组织中后台支持都规划在

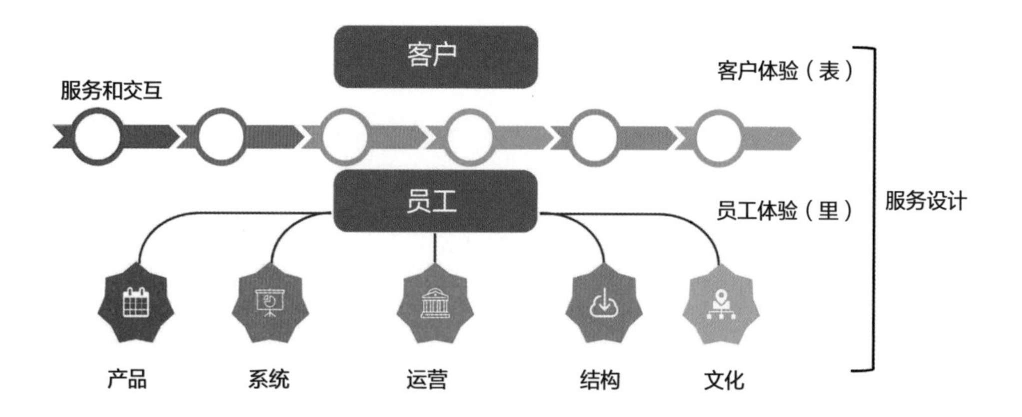

图3-29　服务蓝图的构成

内，体验设计是服务设计的起点。服务蓝图是用户旅程图的纵深第二部分，对应中后台需要跨职能、跨部门工作，梳理中后台全渠道配合。

将服务体验中所有的触点连在一起，同时兼顾组织中所有利益相关者的需要与希望，会使事情变得复杂化，需要通过服务蓝图理顺关系。服务蓝图是一种将客户与服务利益相关者置于服务设计与项目创新的中心的工具。肯德基服务蓝图见图3-30所示，宠物服务蓝图见图3-31所示。

（1）前中后台。

前台：离客户最近的部门，核心能力是能深刻洞察市场和客户行为，服务客户的产品创新和精细化运营。包括：渠道、产品展示、接触点、界面等。传统设计普遍涉及的是前台。

中台：为前台业务运营提供专业的共享平台，其核心能力是专业化、系统化、组件化、开放化。在麦当劳，中台就是厨师、清洁工、店长；在医院，中台就是病历管理系统。

后台：提供基础设施建设、服务支持与风险管控。星巴克的后台包括各区域总部、

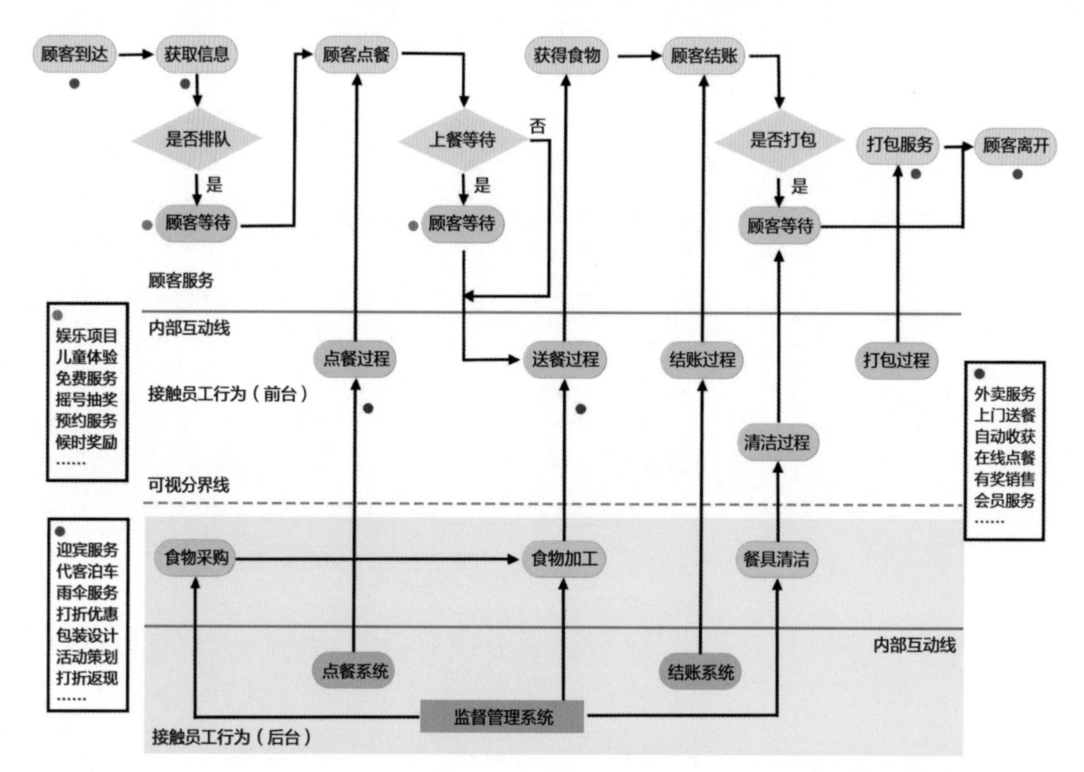

图3-30　肯德基服务蓝图

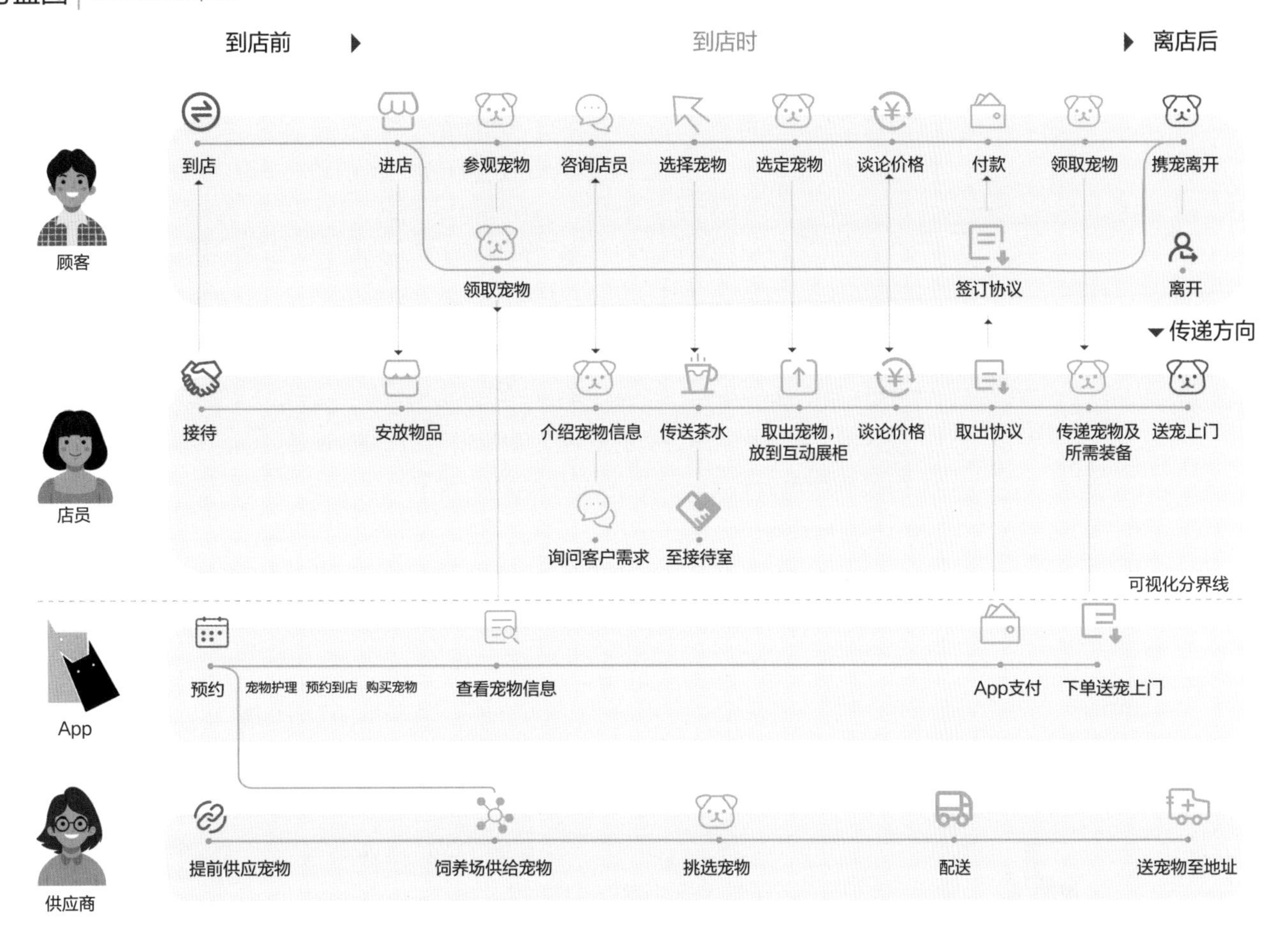


图3-31　宠物服务服务蓝图（林豪绘制）

全球总部的HR，以及采购、运营、营销支持。

如果拿剧场做比喻，那么我们在剧场看到的表演是前台，中台负责融资搭台，让这场戏能顺利演出，导演则是在幕后操控所有一切的大后台，他负责整个剧的调性、风格、人员安排、服化道标准，以及不同预算场景下最高艺术水准的体现。

（2）四个行为。

用户动作：用户在满足自己需求时购买、使用及评价的行为。跟用户旅程图中的用户活动基本一致。

前台动作：用户可见的、可接触的服务活动和界面。

后台动作：用户不可见的、支持前台活动的后台活动。

支撑流程：商业组织的支撑体系和相关利益方之间的互动行为所要遵守的规则、条例、政策、预算。可以是显性规则，也可以是隐性规则，像公司文化、国家政策等。

（3）三条分界线。

互动分界线：表示用户与商业组织的互动。一旦有一条垂直线穿过互动分界线，表明用户与商业组织间发生了互动。

可视分界线：这条线把服务人员在前台与后台的工作分开。

内部互动线：用以区分后台服务、支持流程的线。垂直线穿过内部互动线代表发生了内部互动。

### 2. 服务系统图

服务系统图又称服务生态图，是用来展现各个服务元素、结构以及服务系统之间的目的性行为，帮助设计师看清和表达服务系统中元素之间信息流、资金流、物质流以及行为交互的关系。服务系统图可以清晰地表述各个服务元素、结构以及服务系统的目的性行为。服务系统图通过链接服务系统中元素之间的动态关系，对系统的可行性、关系的重要性以及交互行为的类型和频繁性等进行检验，同时也是服务提案的重要手段之一。

这种方法主要运用于“探索”和“发展”阶段，在“发布”阶段也能使用。它代表了在产品服务系统的生产、交付和使用中所涉及的不同利益相关者，以及连接不同伙伴的物质流、信息流和资金流。宠物医疗App服务系统见图3-32所示，宠物店服务系统的分析图见图3-33所示。系统图有助于了解服务系统的组成和组织，可以可视化主要合作伙伴组织和最终用户之间的主要交互和流程。在服务设计过程的初始阶段，它有助于评估服务的可行性。

使用方法：

（1）筹划并分组：确定所要邀请的研讨会参与人员，为研讨会设定目标和议程。在热身之后，将参与者分成3～5人的小组。

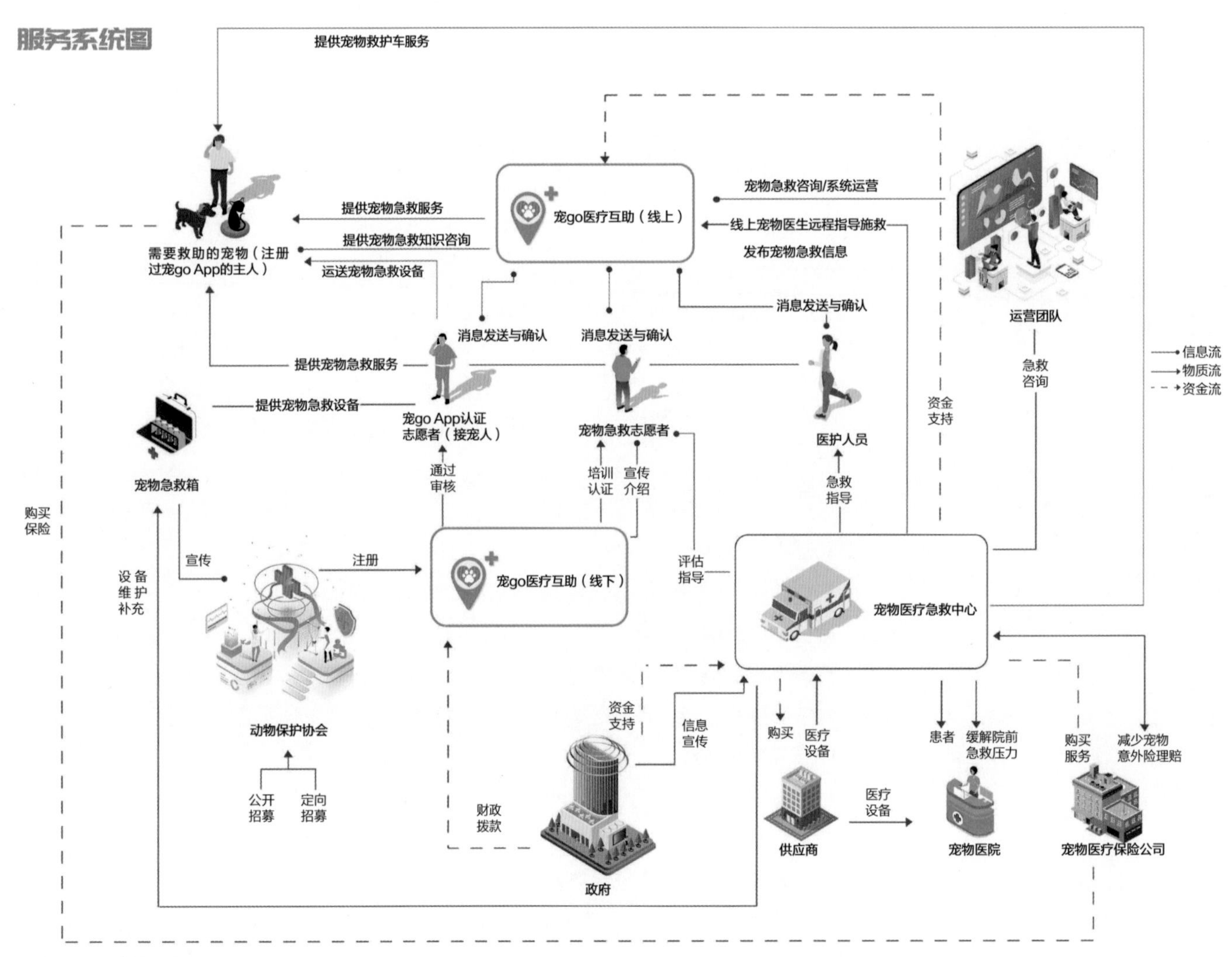


图3-32 宠物医疗App服务系统（张哲佳绘制）

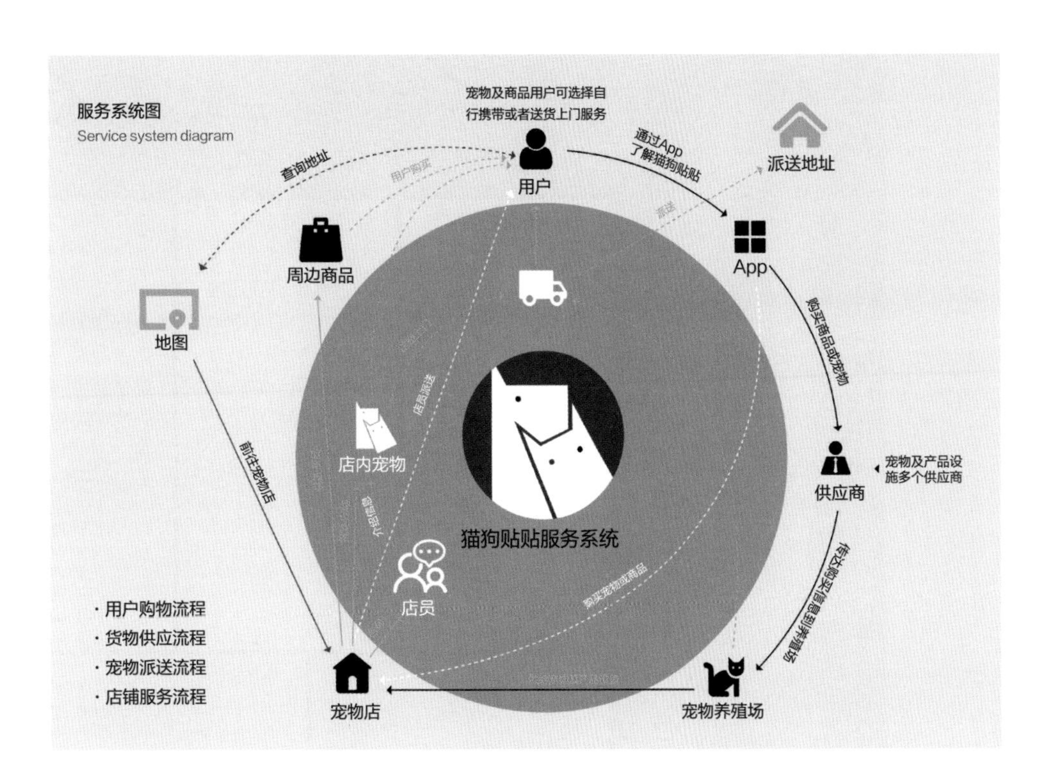


图3-33　宠物店服务系统图（林豪绘制）

（2）创建初始利益相关者图：创建系统图的第一个版本，主持人应检查所有团队是否有共同关注点，并遵循相同的指示，根据它们交换的价值类型将它们连接起来。一般通过图标与引导线的形式从信息、物质和资金的角度表达系统如何运行。

（3）讨论和合并：让每个组展示他们的系统图，讨论系统图之间的异同；让他们选择一张最合适的图，但是要对不同的观点和见解做笔记以备用；将不同的系统图合并到一个大多数参与者都能同意的系统图中。

（4）跟踪：安排全部或部分参与者进行后续访谈或进一步的研讨。

### 3. 商业模式画布

商业模式画布是一种描绘、分析并设计商业模式的工具。这种工具的好处在于可以让企业或组织明确自己的核心价值，分清自身优劣势和实施服务内容的轻重缓急。商业模式画布可以在输出行业研究报告中使用，也可以在最终设计方案提交时使用，方便向相关同事传递对该行业的理解。商业模式画布最大的弊端是无法在同一画面上显示竞争对手的情况（图3-34）。

商业画布包括以下几个方面。

（1）客户细分：这是商业模式的核心。客户细分群体的具体类型包括：大众市场、利基市场、区隔化市场、多元化市场、多边平台或多边市场。其中利基市场指的是在较大的细分市场中具有相似区域或需求的一小群顾客所占有的市场空间。区隔化市场是将客户依不同的需求、特征区分成若干个不同的群体，从而形成不同的客户群。多元化市场是指一个企业同时经营两个或两个以上行业的拓展战略，又可称为“多行业经营”。

（2）价值主张：企业为特定客户细分群体创造价值的系列产品和服务。企业为客户创造的价值主要可以有：改善和提高服务性能、优秀设计、价格、用户体验、定制产品

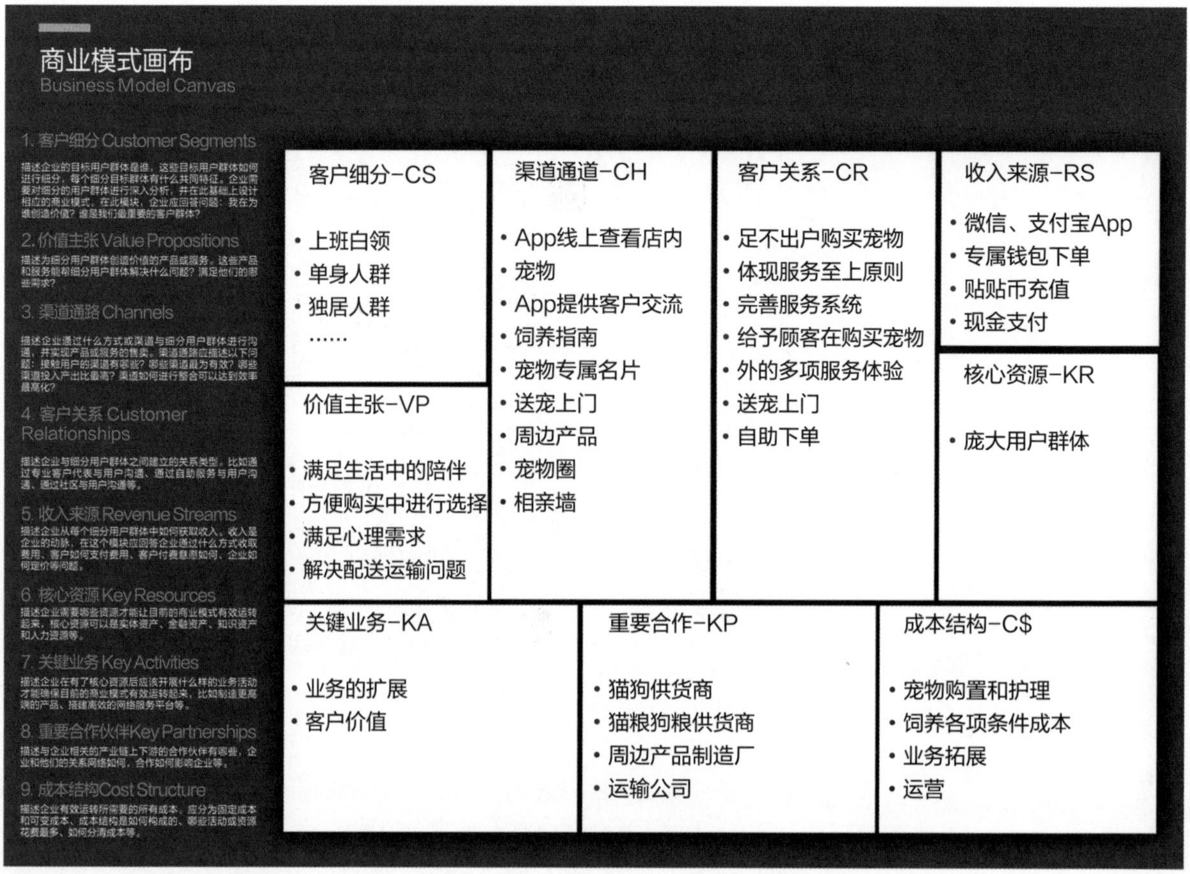

商业模式画布
Business Model Canvas

1. 客户细分 Customer Segments

描述企业的目标用户群体是谁，这些目标用户群体如何进行细分，每个细分目标群体有什么共同特征。企业需要对细分的用户群体进行深入分析，并在此基础上设计相应的商业模式。在此模块，企业应回答问题：我在为谁创造价值？谁是我们最重要的客户群体？

2. 价值主张 Value Propositions

描述为细分用户群体创造价值的产品或服务。这些产品和服务能帮细分用户群体解决什么问题？满足他们的哪些需求？

3. 渠道通路 Channels

描述企业通过什么方式或渠道与细分用户群体进行沟通，并实现产品或服务的售卖。渠道通路应描述以下问题：接触用户的渠道有哪些？哪些渠道最为有效？哪些渠道投入产出比最高？渠道如何进行整合可以达到效率最高化？

4. 客户关系 Customer Relationships

描述企业与细分用户群体之间建立的关系类型。比如通过专业客户代表与用户沟通、通过自助服务与用户沟通、通过社区与用户沟通等。

5. 收入来源 Revenue Streams

描述企业从每个细分用户群体中如何获取收入。收入是企业的动脉，在这个模块应回答企业通过什么方式收取费用、客户如何支付费用、客户付费意愿如何、企业如何定价等问题。

6. 核心资源 Key Resources

描述企业需要哪些资源才能让目前的商业模式有效运转起来，核心资源可以是实体资产、金融资产、知识资产和人力资源等。

7. 关键业务 Key Activities

描述企业在有了核心资源后应该开展什么样的业务活动才能确保目前的商业模式有效运转起来，比如制造更高端的产品、搭建高效的网络服务平台等。

8. 重要合作伙伴Key Partnerships

描述与企业相关的产业链上下游的合作伙伴有哪些，企业和他们的关系网络如何，合作如何影响企业等。

9. 成本结构Cost Structure

描述企业有效运转所需要的所有成本，应分为固定成本和可变成本、成本结构是如何构成的、哪些活动或资源花费最多、如何分清成本等。

客户细分-CS
• 上班白领
• 单身人群
• 独居人群
……

价值主张-VP
• 满足生活中的陪伴
• 方便购买中进行选择
• 满足心理需求
• 解决配送运输问题

渠道通道-CH
• App线上查看店内
• 宠物
• App提供客户交流
• 饲养指南
• 宠物专属名片
• 送宠上门
• 周边产品
• 宠物圈
• 相亲墙

客户关系-CR
• 足不出户购买宠物
• 体现服务至上原则
• 完善服务系统
• 给予顾客在购买宠物
• 外的多项服务体验
• 送宠上门
• 自助下单

收入来源-RS
• 微信、支付宝App
• 专属钱包下单
• 贴贴币充值
• 现金支付

核心资源-KR
• 庞大用户群体

关键业务-KA
• 业务的扩展
• 客户价值

重要合作-KP
• 猫狗供货商
• 猫粮狗粮供货商
• 周边产品制造厂
• 运输公司

成本结构-C$
• 宠物购置和护理
• 饲养各项条件成本
• 业务拓展
• 运营

图3-34 商业模式画布（林豪绘制）

和服务、提供新服务、品牌、抑制风险、产品和服务的新颖性。

（3）渠道通路：公司和客户沟通、接触和传递价值主张的通道。

（4）客户关系：指的是公司与客户之间的关系类型，如客服代表、自动化服务、在线社区。

（5）收入来源：描述从每个客户群体中获得收入的形式，像销售实体产品、租赁实体产品收费、订阅收费、授权收费、特定服务收费、提供广告位收费。

（6）核心资源：商业模式有效运转所必需的最重要因素，包括：实体资产、知识资产、人力资源、金融资产。

（7）关键业务：为确保商业模式可行，企业必须做的最重要的事。主要包括生产制造产品、为客户提供新的解决方案。

（8）重要合作：指的是让商业模式有效运作需要的供应商和合作伙伴网络。合作关系可以分为非竞争者间的战略联盟、竞争者间的战略合作、开发新业务而构建的合资关系等。

（9）成本结构：指的是特定的商业模式运作下需要的成本。固定成本不受产品或服务的产出业务量变动影响，如薪金、租金、实体制造设施。可变成本伴随商品或服务产出业务量而按比例变化。范围经济是企业由于享有较大经营范围而具有的成本优势。规模经济使企业享有产量扩充所带来的成本优势。

第四章

# 服务设计的评价

## 第一节　服务设计成效评价

对顾客的重视可以带来利润，但如果服务设计师想从体验层面过渡到业务层面，从创造性的工作坊转移到具有影响力的会议室的话，则需要更多的意识、更多的能力以及更多的价值评估手段。服务设计需要发展出一系列的概念、观点和评估手段，将股东价值转换为共享价值，推动向利益相关者价值转变。如此一来服务设计师就可以想客户之所想，抓住目标用户，找出服务短板，分析顾客价值，将有限资源优先分配给最有价值的用户，实现经济效益；掌握用户满意度现状，把有限的资源集中到用户最看重的地方，建立和提升用户忠诚度；掌握品牌和目标群体的差异，为分层、分流和差异化服务提供依据。另外，帮助服务提供者考虑非经济价值，包括社会正义、包容、平等的机会、生态和社会责任、互相尊重的价值及相互间的关联。

完整的服务设计经过探索—定义—发展—发布四个阶段，投放市场，通过开展并行、持续的评价监测跟踪设计改变的效果。对服务设计成效评估之后，分析是否有优化的必要，再一次进行服务设计优化，如此循环。

### 一、服务评价关键绩效指标

在向客户传达不同设计步骤的影响时，服务指标数据能帮助人们真正了解到迭代的、以人为中心的设计方法。由于服务设计是一个多维度的复杂系统，对服务设计项目的投资回报计算往往具有挑战性。与服务方一起仔细设计服务的关键绩效指标，并以此指标来反映实际的商业挑战，有助于有效计算服务设计项目的投资回报。这里的关键绩效指标应突破传统的商业目标，还应涵盖测量顾客体验的指标，比如净推荐值是从消费者角度来评估服务设计工作成功与否的重要指标。关键绩效指标可以从以下四个维度进行。

（1）服务人员：彼此之间的交流互动、服务后台的支持是决定服务目标能否达成的关键。

（2）服务提供过程：分辨哪些是实际的服务行为，哪些是服务人员之间的互动行为？评估工具、服务手势、对话指南等服务元素在服务系统中所起的作用。

（3）用户体验：用户如何看待体验过程的，是否会向别人推荐。

（4）商业效果：新服务模式和行为对于新的服务系统的销售数字和总营业额的影响是什么？建立起与商业目标的紧密衔接。

## 二、用户体验满意度评价

一般来说，企业在提供服务后，用户预期的感受和用户实际的感知之间是有差距的。上线的功能服务是否让用户感知到？是否能满足用户的期望？如何衡量与期望的差距大小？从系统的观点来看，服务体验满意度是贯穿产品所有接触点与用户期望为背景的累积的比较结果，是跨时间、跨触点的综合评价，可以用下面的方程式来描述体验的累积：满意度 = Σ（用户体验-用户期望）。

美国PZB服务质量研究组经过深入研究，提出服务质量（SERVQUAL）评价结构，并形成RATER模型。该模型中，主要包括5个方面的度量，分别是有形性（Tangibles）、可靠性（Reliability）、专业性（Assurance）、响应性（Responsiveness）、移情性（Empathy），用以衡量体验的效度。这5个维度，形成了对服务满意度的整体性评价。

服务设计从单一产品的关注转向全过程的设计，意味着不仅要关注使用中的体验（E），也包括对前期接触产品、使用产品、体验产品后的设计，主动影响用户的期望（P），以扩大期望与体验间满意度的差距。服务设计的满意度评价既是关于“接触点”的微观评价，也是对服务“过程”的宏观系统评价。从满意度的形成关系来看，可以将服务产品的满意体验形成，划分为“接触性”满意评价与“过程性”满意评价[1]，结合RATER模型，进行5个维度的用户体验衡量。

### 1.“接触性”满意评价

微观的满意度量，具体到每一个接触点的预期与感知评价，通常使用服务蓝图、服务旅程图，可以较好地对服务过程中的物理接触点、数字接触点、人际接触点的满意度定性。评价包含在完整使用产品的体验中，也存在于在每一个细分的接触点中，每次接触都是期望与实际感知的落差比较，一旦其中一个接触点不满意都会影响用户的整体体验。一般可以考查产品的有形性（T）、可靠性（R）、专业性（A）展开。有形性是指产品是否可供（Affordance），即用户是否容易理解产品或服务。可靠性是指履行作出的承诺，以获得用户的信赖。专业性是指运行过程中体现出的专业素质和专业能力。当然，对于物理接触点、数字接触点也可从可用性、舒适度、愉悦度等层面来评价。

### 2.“过程性”满意评价

侧重宏观系统的满意度比较，是对体验产品“使用前”“使用中”“使用后”这3个阶段“预期—感知”过程满意度的比较，是以用户最终体验结果为导向的满意度评价。目前的服务设计，习惯使用服务旅程图、服务蓝图的方式来发掘过程性的满意度关系。具体来说，“使用前”的接触一般决定了产品的期望形成，“使用中”的接触决定了用户的直接感知体验，“使用后”的评价与分享等决定了产品口碑与用户忠诚度。从“过程性”的整体满意评价关系来看，又需要考虑“事前预期”和使用过程中、使用之后的“感知接触点”。可以从响应性（R）、移情性（E）两个维度展开宏观系统评价。响应性指的是产品的反馈机制是否灵敏，用户反馈渠道是否便捷畅通。移情性指的是服务系统是否契合用户逻辑，服务提供组织成员能够理解目标用户，并以用户语言进行沟通。

决定产品真实体验的影响因素，主要是技术质量和功能质量。决定用户期望的要

[1] 周祎德，彭希赫．服务设计的满意度动态评价方法[J]．设计艺术研究，2018，8（4）：64-68.

素，则包括口碑、个体需要和过往经验。对服务设计满意度的评价，首先是要将用户的期望认知与实际的产品感知体验区分开来，得出期望认知与体验感知的落差，就是用户的满意评价。

简而言之，“接触性”满意评价能够为具体的“接触点”体验设计提供依据，并找出服务过程中相对薄弱的体验环节。“过程性”满意评价则是从系统的视角，全面衡量“接触点”的重要性，决定了“接触点”数量的增减与投入权重的配比，同时从逻辑关系上调整“接触点”出现的时机，以保证前后体验的一致性。

### 三、商业效果评价

服务交付的两个典型特点为我们融合商业模型和设计流程提供了一个框架：①服务必须适应人们不断变化的需求；②人们可以在多个触点参与服务互动。从成本和收益中来看，上述两点提出建立一种真正的、以服务为主的方法，用来建立商业模型和导出测量结果。

#### 1. 客户旅程中的成本和收益

通过在客户旅程的各个阶段分解商业模型，可以模拟如何减少成本、增加收益，为顾客创造价值的过程。

#### 2. 触点的成本和收益

在为顾客创造价值的过程中，通过分析各个触点的商业模式，可以多渠道模拟降低成本，增加收益。通过使用服务蓝图，我们可以设计客户体验，模拟和计算服务中的资金流动。比如，有多少消费者将产品放入了购物车，又有多少消费者最终买了单。需要设置一个持续的监控系统，以便评估在服务提供过程的关键转换节点，从而可能建立新服务元素、客户满意度、商业效果之间可测量的联系。

## 第二节　服务评价常用指标与方法

随着互联网的普及，产品上线效果评估也由单一的测试方式，变为结合行为数据和态度数据，评估产品触达、使用、反馈的综合分析方法。态度数据分析常用满意度调查、用户访谈两种方法，而用户行为数据分析常用A/B测试、后台数据两种。舆情分析结果既能反映出用户的态度倾向，又能了解到产品的热度影响力。评价满意度通常采用调查问卷方式，可以在应用程序内、服务过程中或完成后，也可以另外采用问卷星、腾讯问卷等平台。问卷可以是单题量表、标准化量表，也可以自编问卷。访谈更多的是对用户满意度进行深入的探讨和挖掘，去了解用户满意或不满意的理由，以便对用户态度有较为深入的理解，并对后续改进有针对性的建议。后台数据主要针对线上产品而言。舆情分析主要针对媒体上的相关用户评价进行分析。在一项针对德国游客的研究中表明，更多的游客相信其他游客的观点，而非旅游公司的传播内容。95%的游客认为在线顾客

[1] 王国胜. 触点：服务设计的全球语境[M]. 北京：人民邮电出版社，2016：182.

评论值得信赖，65%的游客在预定旅行之前，会查看各个网站的顾客评论。[1]

## 一、单题量表

### 1. 净推荐值（Net Promoter Score，NPS）

净推荐值是一个消费者体验关键绩效指标，它用于收集客户推荐该服务的可能性的相关数据（图4-1）。这是一种最常见的评估方法，最初是Bain & Co（贝恩咨询）建立的一种评估顾客忠诚度的模型。NPS是弗雷德·里奇（Fred Reichheld）在2003年引入的，它通过测量用户的推荐意愿，从而了解用户的忠诚度。NPS使用从0～10的11点量表，并将选择0～6分的定义为贬损者（Detractors），选择9～10分的定义为推荐者（Promoters），其他的是被动者（Passives）。推荐者所占比例减去贬损者所占比例就是最终的NPS值。NPS的得分是一个百分比，从-100到+100来体现顾客体验服务时的感受。NPS越高，顾客忠诚度就越高。NPS调查往往是在用户体验或接受服务后进行，问题简单明了，询问的是意愿而不是情感，对用户来说更容易回答，从而成为一个应用广泛的国际通用指标，显示了盈利增长和忠诚度的联系。这使其成了评估旨在改变消费者体验的服务设计方案的可用指标。它准确地反映了可观测的消费者体验的变化，从而强调已经被应用的不同新服务元素的实际影响。

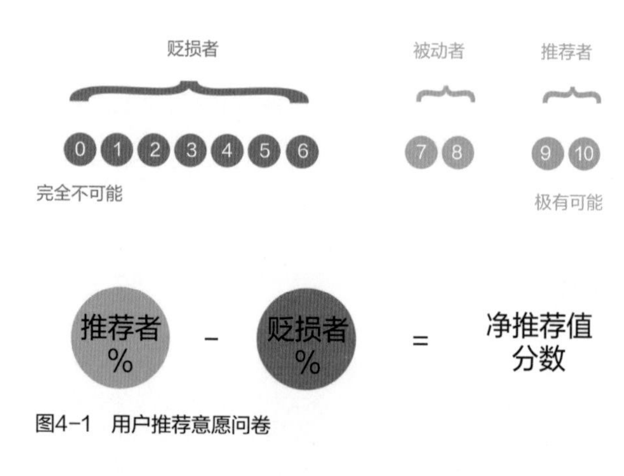


图4-1 用户推荐意愿问卷

### 2. CSAT评估（Customer Satisfaction Score，CSAT）

CSAT要求用户评价对特定事件/体验的满意度，使用的是五点量表（非常不满意、不满意、中等、满意、非常满意）。通过计算选择4分和5分的用户所占比例得出最终的CSAT值。CSAT的好处是简单且扩展性强，它只有一个问题，但是针对每个想要调研满意度的功能或服务，我们都可以设定一个CSAT题项进行测量。

与NPS侧重于忠诚度的考量不同，CSAT才是衡量用户满意度的模型。另外，与NPS通过顾客评估服务整体效果不一样的是，CSAT是用于评估一次产生互动的服务环节的，例如：在用户使用在线客服咨询结束之后让顾客对这一次的互动打分，或者我们最熟悉的一次外卖服务打分。

CSAT需要在顾客给了一个比较低的评分后，立刻追问原因。也就是说，CAST可以及时收集反馈，有效分析和洞察（Insights），并挖掘到新的服务设计机会点（Opprotunity），利用这一工具可以清晰地看到接下来需要完善和迭代的设计方向。但需要注意的是，CSAT反馈出的差评只有达到一定量以后才具有代表性，我们不会为某顾客的一次不满意做出调整。

### 3. 用户费力度评估（Customer Effort Score，CES）

CES让用户评价使用某产品/服务来解决问题的困难程度。用户费力度的计算方式：简单百分比减去困难百分比。CES的理念是只有真正帮助用户轻松地解决问题的产品或服务，才会获得高满意度和忠诚度。最好在用户刚刚做完操作时询问，否则用户可能忘记自己完成操作的实际体验。

NPS和CAST总的来说是用来衡量顾客是不是高兴了。而CES主要看的服务是否简单好用，让顾客花最小的力气完成某个任务，例如：通过支付宝支付每月的水费账单要比去自来水公司更为轻松便捷。

过去，CES在服务流程出现问题的情景下使用，主要用来了解顾客解决问题所花费的精力和时间，然而，在体验至上的当下，降低用户费力度已经变成了提升体验的重要的商业目标，流畅、简单的顾客路径与交互方式，必然是好体验的基石。早在2015甲骨文（Oracle）公司的一份白皮书中指出：当降低了顾客费力度以后，用户满意度能有高达32%的提升，与此同时，顾客的回头率也提升了14%。

## 二、标准化量表（多题项）

在产品或系统可用性测试中或测试后，评估用户感知的可用性满意度可以选用通用标准化量表。标准化量表是被设计为可重复使用的问卷，可做的事情介于满意度监测与满意度洞察之间。标准化量表为可用性测试提供了客观的、可重复的、量化的、经济又普适的方法，但由于问卷长度的限制，触及力低而成本较高，所以只能做较低频的监测。又由于量表是标准化而非定制化的，所以不能提供足够深入的洞察。

目前应用最广泛、被国内和国际标准所引用，在完成一系列的测试场景后评估可用性感知的标准化可用性问卷是：用户交互满意度问卷（QUIS）、软件可用性测量表（SUMI）、系统可用性整体评估问卷（PSSUQ）、软件可用性量表（SUS）。场景式可用性测试完成后，用于结果管理的问卷包括：场景后问卷（ASQ）、期望评级（ER）、可用性等级评估（UME）、单项难易度问题（SEQ）、主观脑力负荷问题（SMEQ）。具体标准化可用性问卷可参看杰夫·索罗（Jeff Sauro）与詹姆斯·路易斯（James R. Lewis）所著的《用户体验度量：量化用户体验的统计学方法》（Quantifying the User Experience: Practical Statistics for User Research），也可查询网络资源，本书中不做详细阐述。

## 三、自编问卷

不管是单题项量表还是多题项的标准化量表，都是标准化、非定制的。这些量表的好处是比较严谨，便于进行比较，不管是跟行业标准或竞品比较，还是在做满意度监测时跟过往的表现进行比较。但是当我们需要对用户满意度进行深入洞察时，这些标准化量表往往是不够用的。研究者需要自编问卷，去询问我们真正好奇的、特异性的问题。编制一份优质的问卷，是获得对用户满意度的深入洞见的第一步。

满意度调查评估的问卷内容一般包含三个主要模块：满意度细分维度、用户日常使用习惯和人口属性，如果需要评估与竞品的差异，还需要加上竞品满意度模块。

满意度细分维度可通过“专家访谈法”或“结构方程建模”来确定。专家访谈时，邀请多方角色共同参与，条件不允许时在团队内部进行头脑风暴，枚举可能影响满意度的要素，并评价要素的优先级。而结构方程建模相对复杂，需要对枚举的维度进行因子分析，本书不做详细介绍。例如，对产品性能的满意度可以细分为反应速度快、运行稳定之类的细分维度。

用户日常使用习惯可以包括对产品的认知情况、使用频率、使用产品的动机、使用产品时长等，通过这些描述用户行为，同时还可以作为交叉变量，用来观察满意度数据的差异。

人口属性包括性别、年龄、收入、地域等维度。

竞品满意度模块可以将使用过的竞品样本作为对比，包括直接竞品、间接竞品、潜在竞品。

确定问卷模块后，采用五点量表或七点量表设置单项选择题，也可以设置一些条件题、多选题甚至开放题去鼓励用户更多地表达。明确问卷内容后，将问卷投放到与目标用户匹配的合适渠道，必要时考虑采用陷阱题、增加陪跑项、优化无效数据甄别和加权配比策略等方案，尽量识别用户迎合问卷答题需求的现象。

## 四、数据分析与解读

回收问卷后，选择合适的分析方法分析数据，并对数据进行解读。满意度重要度四象限图、满意度对比矩阵是两种比较常用的直观又方便的信息图形。

满意度重要度四象限图是一种简单实用的满意度评价模型。通过四象限图能够帮助研究者快速找出问题关键，区分出各需求指标的轻重缓急，从而制定出有针对性的执行方案。在问卷设计时，首先要分别设计出满意度与重要性的题目，且两部分的指标和量表等级应完全一致。然后绘制四象限图，将各指标按得分高低归进四个象限内，一般统计软件都能生成满意度重要度四象限图。横轴为满意度，纵轴为细分维度的重要度（图4-2）。可以根据满意度、重要度将各维度划分为以下几个维度。

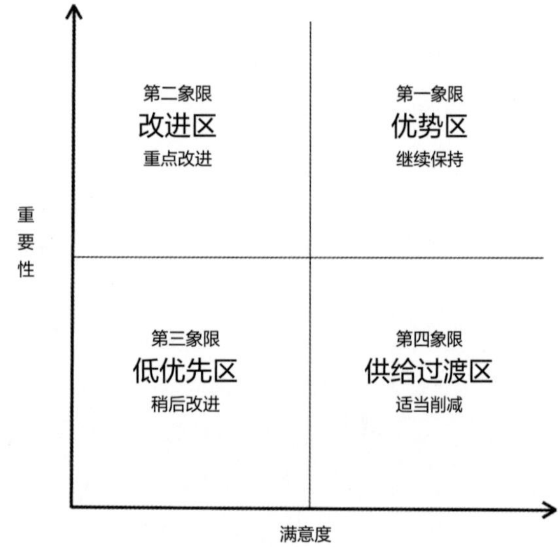

第二象限
改进区
重点改进

第一象限
优势区
继续保持

重要性

第三象限
低优先区
稍后改进

第四象限
供给过渡区
适当削减

满意度

图4-2　满意度重要度四象限四区域

（1）继续保持区域（第一象限）：满意度高于均值、重要度高于均值，表示用户对落于该区域的因素相对重视相对满意，保持关注即可。

（2）重点改进区域（第二象限）：需要重点关注，其满意度抵于均值、重要度高于均值，表示用户对落于该区域的因素相对重视，但又相对不满意，需要第一时间优化，避免用户体验下降。

（3）等待观察区域（第三象限）：满意度低于均值、重要度低于均值，表示用户对落于该区域的因素不是特别重视，虽然相对不满意，但不需要第一时间优化。

（4）保持现状区域（第四象限）：满意度高于均值、重要度低于均值，表示用户对落于该区域的因素不是特别重视，但相对满意，可以适当减少对这些指标的关注，保持现状即可。

满意度对比矩阵常在竞品对比、群体对比时使用。其中，横轴为A群体满意度、纵轴为B群体满意度，横轴与纵轴起始值和上限值一致，通过对角线划分为两个区域。细分维度落在左上角表示该维度B群体满意度高于A群体满意度，反之则是A群体优于B群体（图4-3）。

图4-3　某政务类产品满意度对比矩阵（来源：腾讯问卷）

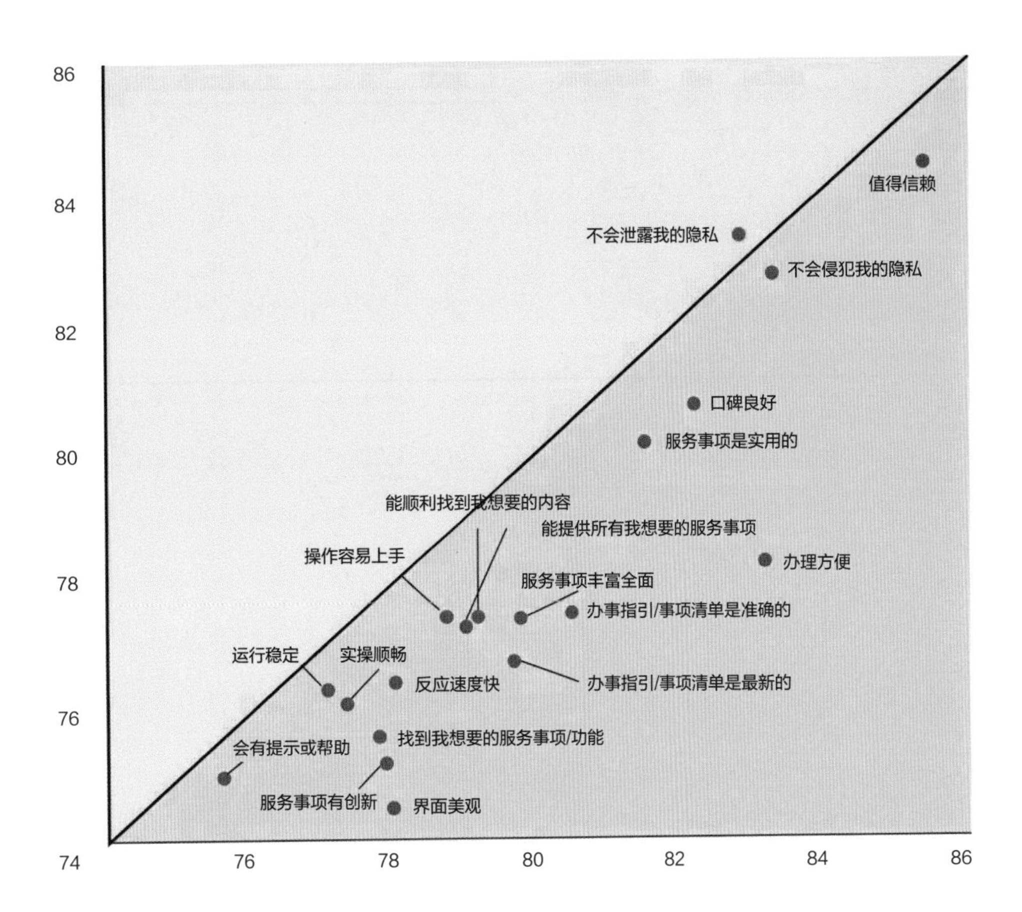

第二部分

# 服务设计案例

DE

第五章

# 基于服务设计的医养结合康复系统研究

## 第一节　医养结合康复系统研究

荷兰飞利浦公司设计总监马扎诺曾在书中提出，基于医疗技术的产品设施设计应重视用户体验，可通过对患者就医流程及医院环境的研究来提升就医体验。而就康复服务这一细分领域而言，我国起步较晚，存在康复服务供不应求，康复医疗设备相对落后，患者就医繁琐，缺少康复积极性，从而无法提供良好的康复服务体验等痛点。尤其在实现医院、社区和家庭的医养结合康复服务方面，仍需进一步改善。因此，设计中遵循以用户为中心的服务设计核心原则，采用服务设计的理念，与服务提供者、目标用户等相关利益者进行沟通与共创，发掘相关利益者的多维触点与使用场景，进一步深入挖掘医养结合的新医疗模式，从更宏观更系统的视角来设计医养结合康复App，从而为老年患者提供更便捷舒适的康复体验。

### 一、医养结合康复类App概述

医养结合康复类App是基于传统的专业医疗康复技术与设备基础上，借助互联网平台，集合医疗、养老、康复等服务于一体的线上康复服务平台，为老年患者提供线上康复服务，主要应用于各类康复医院、康复中心，为患者提供方便的、快捷的、舒心的康复服务。

现有医养结合康复类App主要以在线问诊、挂号、支付、线上购药、定时提醒等功能为主。以国内某康复类App为例，其针对全国的慢性病患者搭建了医疗健康管理的平台，可帮助医患在线联络，定制患者专属的慢性病管理方案，实现远程复诊和拿药，并打通了零售配送上门渠道，结合互联网大数据等先进技术提高康复效率与准确率。尽管现有App解决了挂号难、买药烦的问题，但并未进一步考虑到康复流程中患者的心理需求，缺少照料服务等相应辅助功能，也并未针对多个服务应用场景进行进一步的考虑等[1]。

### 二、基于服务设计理念的老年患者医养结合康复App设计思路

#### 1. 以用户旅程图还原康复服务触点

以目标导向设计的方法论为出发点，走访相关康复器械企业、一家康复医院以及一家社区服务中心，进行目标人群和相关利益者调研，观察康复流程过程中各角色的行为

[1] 吕常富，张凌浩．服务系统设计在医疗管理中的应用研究[J]．环球人文地理，2014（02）：256.

职能和需求，进行一对一访谈，获取医院康复科、康复医院的康复医生、社区康复中心服务者、老年康复者、厂商的需求和痛点，并绘制以医生、康复治疗师与患者的用户画像。用户旅程图是服务设计中常用的重要工具手段，它可以直观地表达整个服务过程中的用户心理需求和服务触点，帮助设计出具有创新性的用户体验[1]。通过对使用现有医疗康复系统的患者进行调研，分析患者在就医前、就医时和就医后的行为特征，从这三个主要阶段中发掘患者的心理需求，将其以可视化的方式绘制成用户旅程图，找到其中的触点和机会点，从而进行新的医疗康复服务系统的设计。

以阶段、用户目标、行为、想法、情绪曲线、机会点来描述老年患者在入院前、康复中、转院或出院的整个康复交互过程，将各触点可视化，对各触点相应的用户痛点与需求显而易见（图5-1）。在就医环节时大部分患者都是感觉整个过程枯燥乏味、康复效率低下，产生出康复无效的想法，导致患者对康复治疗的配合度较低，从而影响进一步的康复环节。因此从患者心理需求角度入手，引入激励和社交模块来改善患者对康复治疗的看法，从主观上解决患者康复治疗配合度不高的问题，以此来提高康复效率。

[1] 韦伟，吴春茂. 体验地图、顾客旅程地图与服务蓝图比较研究[J]. 包装工程，2019，40（14）：217-223.

### 2. 以体验推动因素和情绪曲线提出设计方向

依据社会经济、技术发展趋势、目标人群、企业品牌定位等诸多因素，提出以下三点主要体验推动因素。

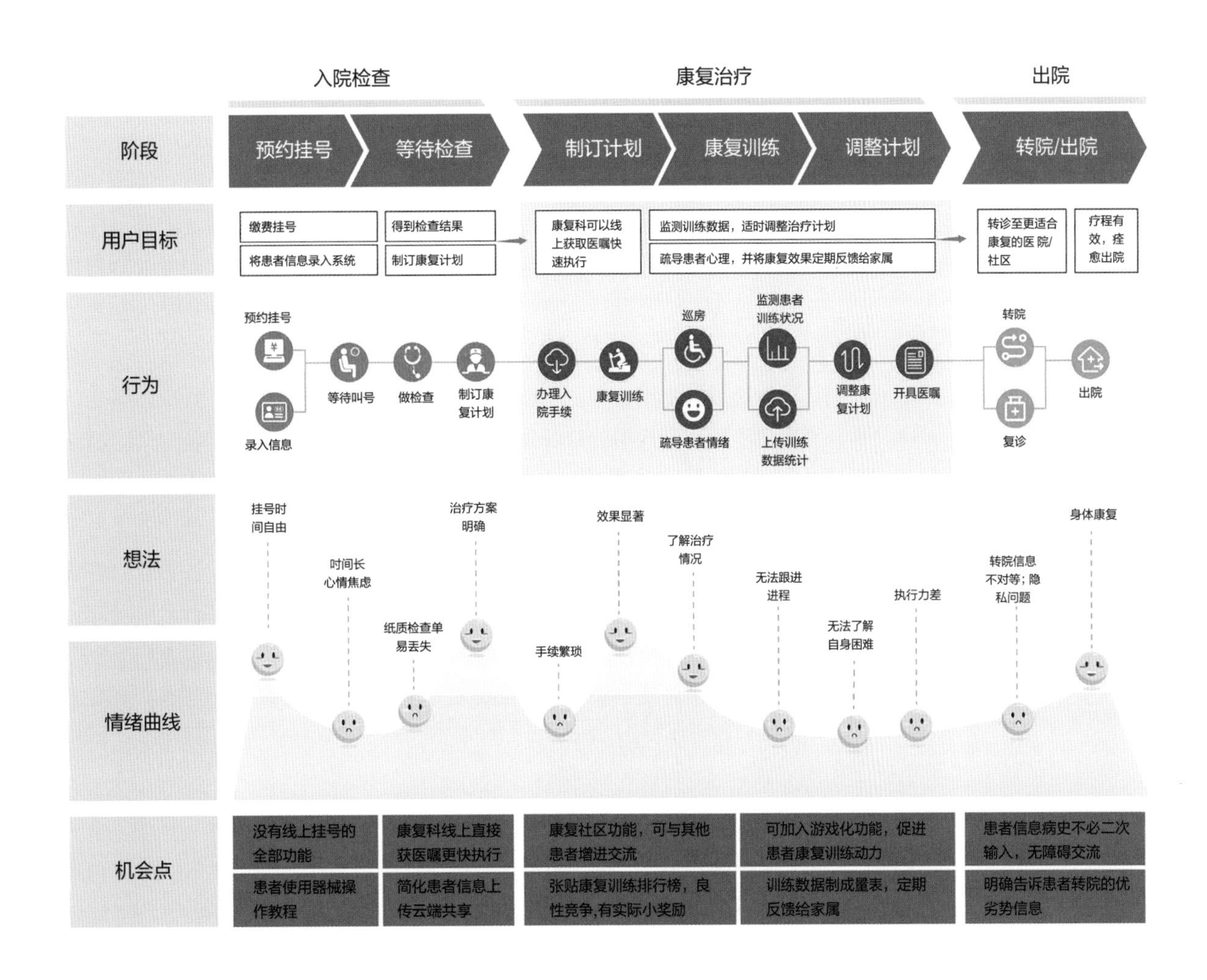

图5-1 老年患者康复用户旅程图

（1）数据云共享。结合当下大数据技术发展趋势，医养结合康复类App采用数据云共享的技术，将患者初次输入的个人信息上传至云端，从而减少流程中患者个人信息的重复输入；增加患者在康复治疗过程中的参与感与主观能动性。从视觉效果、使用流畅度、用户关怀度、康复服务体验等设计角度提出相应功能，提高康复效率。

（2）医养结合深化。根据用户情绪体验曲线图和康复过程过程中的各触点分析用户需求得出，需要减少康复科、康复医院、社区康复中心之间的重复工作，融入“医养结合”的新养老服务模式，以实现资源利用和整合，提高康复服务效率。而随着我国养老水平的不断提高，养老和医疗康复服务需求的快速增长也推动了助老政策的不断完善。自2021年起，老年患者享有部分康复器械租赁服务价格50%的政府补贴。因此，建立在政策扶持的基础上，需深化医养结合服务，拓宽康复服务的应用场景，打通家庭、社区、医院之间康复服务壁垒，能够为更便利、良好的线上线下康复服务体验奠定基础。

（3）国际化。根据前期调研走访的相关企业调性以及品牌战略，总结出App整体应紧跟国际化的设计风格，符合大众的视觉审美需求。App界面设计遵循简洁大方、色彩明快、功能区域清晰等原则来设计，如页面内预留更多空间、避免使用多列的布局、减少使用斜体字体等。

基于用户旅程图的情绪曲线，运用用户体验优化思维模式，提出了三个改善用户体验的主要设计方向：一是减少等待时间；二是提供情感抒发平台；三是提高患者康复积极性。其中减少等待时间和提高患者康复积极性这两点是为填平情绪曲线的波谷，即解决用户基础型需求和痛点，而提供情感抒发平台是为拔高情绪曲线的波峰，即在较满意原服务体验的情况下，更进一步满足用户的心理需求。

### 3. 以小组共创搭建App信息框架

研究小组运用635头脑风暴法激发创意，提出了60种设计想法，并采用DVF筛选法（Desirable 用户合意性，Viable商业可行性，Feasible运营/技术可行性）、重要性/确定性排序等方法，就关键环节思考线上线下的互动，明确医养结合康复类App的功能模块，搭建该App的信息框架（图5-2）。

在患者康复流程中，用户行为可细分为预约挂号、抵达医院、诊断病情、获取医生开具的医嘱以及康复治疗计划、进行康复训练、了解康复情况、适时更新康复计划、转院或出院等。基于前期调研的用户痛点、设计方向和用户细分行为，App设计了首页、康复、社区和我的四大功能页。在“首页”页面，患者可以预约挂号、远程会诊、治疗以及康复器械租赁，并线上完成缴费；查看转诊转院的基础设施、地理位置、医院环境、联络方式等详细信息的对比图表、健康数据评估、了解健康科普知识。在“康复”页面，患者完成每日康复训练后进行康复树打卡，查看康复进度和治疗记录，累积康复果形成康复排行榜，患者可用康复果兑换商品。在“社区”页面，患者可发帖以及查看热门帖和康复排行榜。在“我的”页面，患者可翻阅个人病史及医疗卡信息。

### 4. 以服务蓝图梳理线上线下康复服务体系

整个使用流程采用服务蓝图工具，直观地梳理了线上线下一体化的康复服务体系，结合利益相关者的需求，以图表可视化的视觉形式分析App现有的康复服务流程体系，

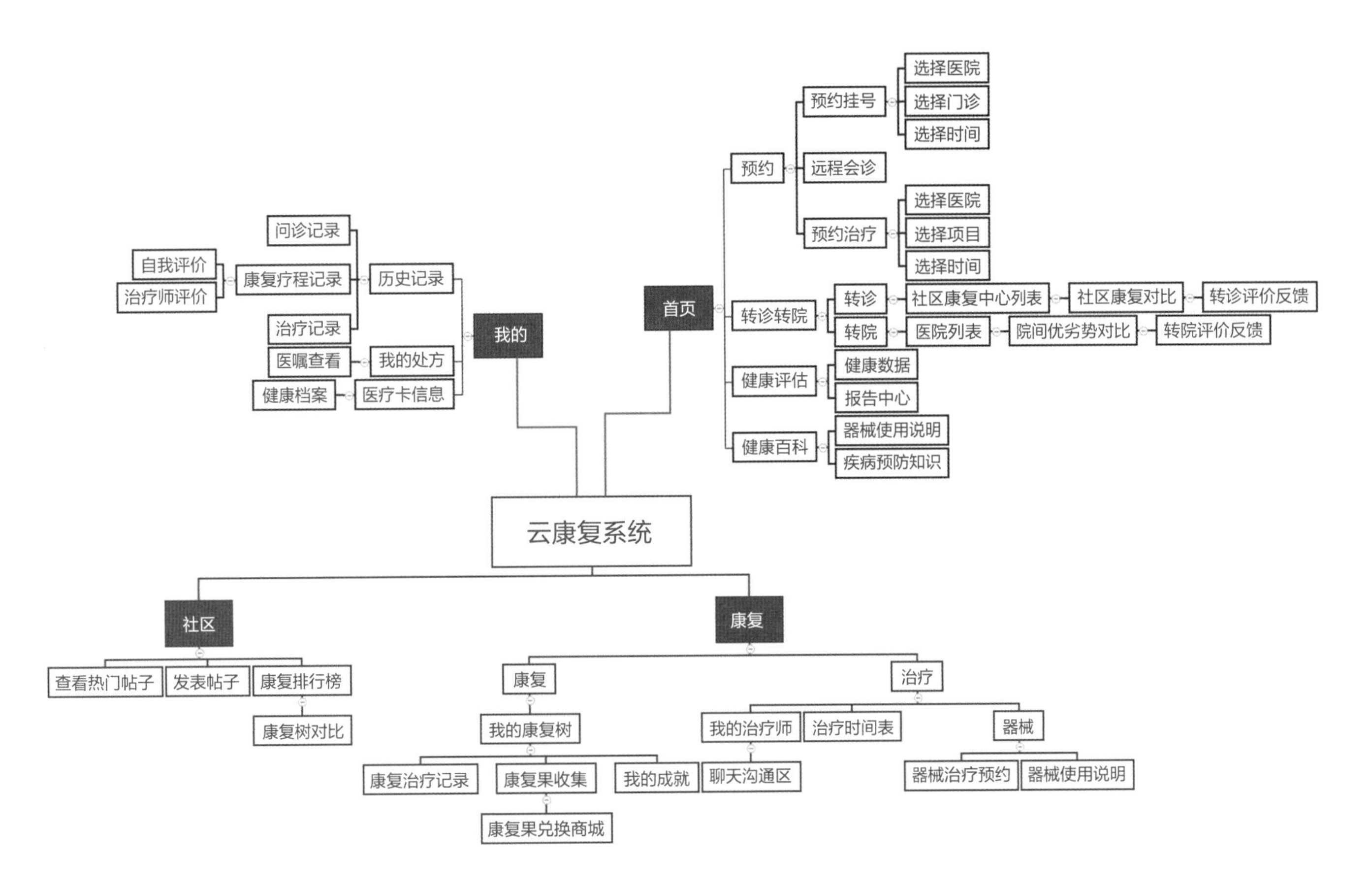


图5-2　医养结合康复App信息框架

识别潜在优化点，挖掘是否有缺漏，并消除冗余，从而推动用户服务体验的更新迭代。服务蓝图将整个康复流程分为规划确认、办理入院手续、康复治疗和转/出院四大板块，分别从实体证据、用户行为、前台服务、后台工作和支持过程四个区域来细分老年患者的康复流程，由表及里地将康复服务的执行与运作过程可视化，把服务中的各个要素整合到一起，进而更清晰地描述整个服务流程与相关的人、物、环境互动（图5-3）。任何完整的服务都离不开前、中、后台的支持。医养结合康复App的前台是离用户最近的，也就是医生、治疗师和护士等医务人员；中台是指为前台服务提供专业的共享平台，具有专业化、开放化、系统化的特征，也就是本医养结合康复App；而后台则是提供服务以及技术支持、建设基础设施以及数据和风险监管，也就是数据云共享、基础研究、战略指引以及App的后台管理系统。

## 三、基于服务设计理念的老年患者医养结合康复App设计方案

### 1. 采用眼动测试与可用性量表进行初步方案的测试

（1）眼动测试。采用Tobii眼动仪对30名被试进行眼动测试，根据热点图、轨迹图等眼动指标进行定量评价。结合提出的新的服务模式和现有康复医疗软件，搭建一个具有简单交互的系统界面模拟原型，以满足后续眼动测试以及系统可用性评估条件。眼动测试需要用到眼动仪设备来识别和追踪人的瞳孔，可用于推断的认知、情绪、喜好和习惯[1]。使用眼动仪的视觉跟踪技术，可以在系统软件界面中记录受测者的感兴趣的空间位置、注视时间以及视觉轨迹，以形成相应的热点图和路径图[2]，为后续分析该医疗康复系统的可用性提供补充参考。通过结合热点图和轨迹图的对比（图5-4）可得知，30名受

[1] 康丽娟. 眼动实验在设计研究中的应用误区与前景——基于国内研究现状的评述[J]. 装饰，2017（08）：122-123.

[2] 孟维维，夏敏燕，李一凡. 基于感性工学的直立起立床设计要素研究[J]. 工业设计，2020（03）：28-29.

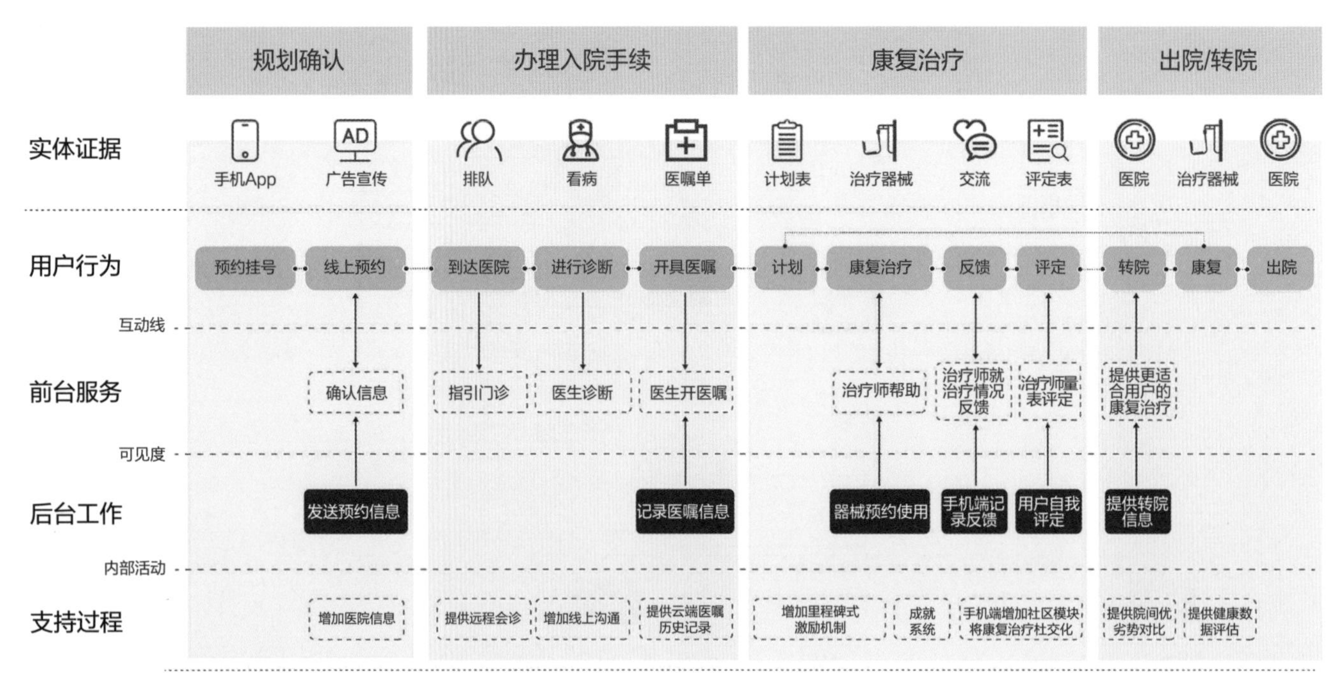


图5-3　医养结合康复服务蓝图

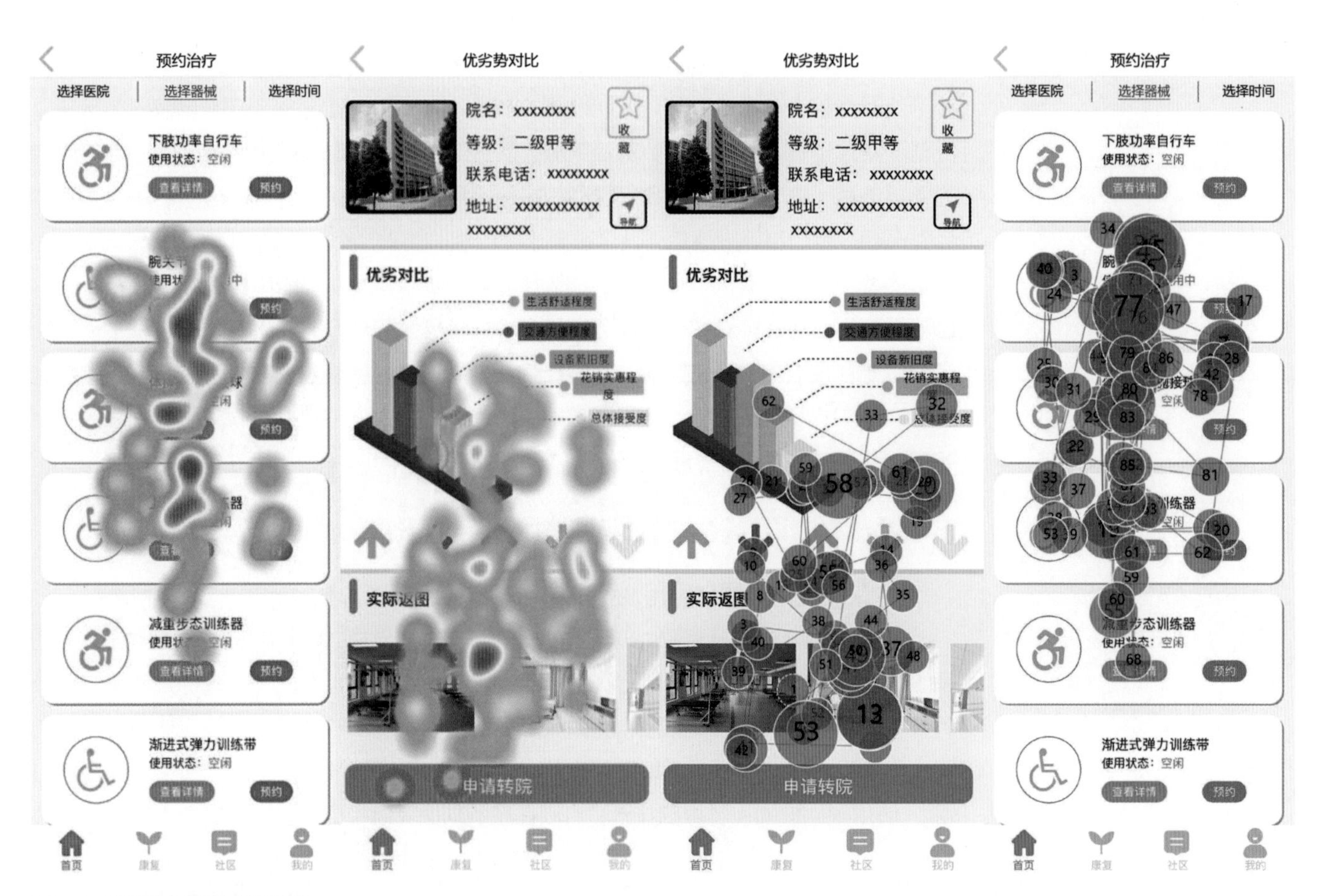


图5-4　部分热点图和路径图对比

测者的视觉热点主要聚集在界面中心的信息内容，其次是下方的导航栏和上方的内容分区。由此可以得出，将最主要的转院转诊功能放在页面的中心区域，可以准确地将信息传递给用户；而次要辅助里程碑和社交功能可以放置在边缘位置，可以最大化地体现新模式带来的新功能。

（2）系统可用性量表分析。系统可用性量表由十个主观评测问题组成，采用李克特5分式量表法，分为五个正面描述题和五个反面描述题，十个问题之间具有高度的相关性。通过SUS系统可用性的十个问题，计算各分项的人数与平均得分情况，并计算得出SUS得分为71.25分（表5-1），这说明该系统的可用性处于合理范围内[1]。由此可见，在现有医疗康复服务系统上引入“线上”+“线下”的新模式，可以在一定程度上提高患者们的医疗康复效率。而云端数据库是一种革新，加上激励机制和社交平台的辅助，为今后相关的医疗服务设计、云数据应用和医疗康复软件界面研究等方面提供了有利的参考价值。

**表5-1　　系统可用性量表各分项人数与平均分**

| 序号 | 问题 | 1分 | 2分 | 3分 | 4分 | 5分 | 平均分 |
|---|---|---|---|---|---|---|---|
| 1 | 我愿意使用这个系统 | 0 | 1 | 1 | 13 | 15 | 4.4分 |
| 2 | 我发现这个系统过于复杂 | 7 | 13 | 4 | 5 | 1 | 2.33分 |
| 3 | 我认为这个系统用起来很容易 | 0 | 2 | 6 | 14 | 8 | 3.93分 |
| 4 | 我认为我需要专业人员帮助才能使用该系统 | 9 | 10 | 4 | 6 | 1 | 2.33分 |
| 5 | 我发现这个系统中的功能很好地整合在一起 | 0 | 2 | 9 | 15 | 4 | 3.7分 |
| 6 | 我认为系统存在大量不一致 | 6 | 13 | 6 | 5 | 0 | 2.33分 |
| 7 | 我认为大部分人能很快学会使用该系统 | 1 | 2 | 5 | 12 | 10 | 3.93分 |
| 8 | 我认为这个系统使用起来非常麻烦 | 5 | 16 | 8 | 0 | 1 | 2.2分 |
| 9 | 使用这个系统时我非常有信心 | 0 | 3 | 9 | 12 | 6 | 3.7分 |
| 10 | 使用该系统前我需要大量学习 | 10 | 14 | 4 | 1 | 1 | 1.97分 |

## 2. 基于使用流程的医养结合康复App

在可用性测试之后优化设计方案，基于用户使用流程提出如下方案。

（1）入院前。针对挂号等待时间长、纸质单据易丢失、病人病症情况不稳定等问题，医养结合康复App采用：①线上预约与挂号功能：汇集患者、院方数据，降低使用App的操作门槛，减少排队等待时间；②提供数据云共享和电子医嘱治疗单功能：病患输入一次个人信息即上传云端，院方可线上查看患者个人信息及相关病史，同时医嘱等纸质治疗单也同步上传云端，生成数据流和工作流，无需重复登记；③加入租赁共享概念：针对当下市场康复器械昂贵、使用频率不高的问题，患者可以自行租赁相关医疗器械如康复理疗床、轮椅等，用App扫描器械上方二维码，获得教学视频自行完成康复训练，实现社区康复、在家康复[2]。

（2）入院康复训练。康复训练过程中，老年患者患病后会产生低落、康复不积极等问题。医养结合康复App提出：①康复树里程碑式记录康复过程：以康复树成长结果的可视化形式方便患者及时查看当前康复进度，增强用户互动感和康复积极性，提高康复效率；②康复果兑换商城：每日康复训练打卡积累康复果兑换实际奖励，结合目标人群

[1] 严毅，王国宏，刘胜林，等. 基于系统可用性量表的输液泵可用性评估[J]. 中国医疗设备，2012，27（10）：25-27.

[2] 姚雯. 基于服务设计理念的老年患者智能家居产品设计研究[J]. 西部皮革，2021，43（02）：49-50.

的年龄阶层和喜好，奖励种类设定在生鲜水果、日用品、低糖零食三大类；③康复排行榜：枯燥重复的康复训练难免使得老年患者会产生怠惰、抵触，失去坚持训练的动力和毅力，适当良性竞争促使患者更有康复动力；④社区板块：可以和院内其他病患线上聊天缓解情绪，与治疗师随时私信沟通，院方也可以及时了解患者生活情况，提高康复质量；⑤康复器械预约功能：患者在线上可租赁康复器材，实现线下社区康复、在家康复。

（3）转院、出院时。转院或出院时，病患信息不对等、个人信息隐私权限限制、患者对转院的抵触情绪等问题是当下转院难的主要影响因素。医养结合康复App提出以下两点：①数据可视化的转院优劣势图表。患者方便查看院方提供的转诊转院信息，进行医院的医疗技术水平、地理位置、离家距离、周围环境、联络方式、就医成本、病房舒适度、医院基础设备、交通出行便利度等多方面对比，让患者更容易接受转院能够可以获得更合适的康复治疗，直到痊愈出院，从而适时地提高患者在转院过程中的主观能动性，缓解患者的抵触情绪。②隐私信息设置权限。对转诊医院或社区设置查看权限，减少个人信息泄露的可能性。在平台上所上传的数据均会设置查阅权限，包括病人基本信息等，提供患者与医院、患者与患者之间的交流平台，正规转接流程仍会由院与院直接对接来进行操作。App与社区康复服务、医院、患者间的互动可以用服务系统图表示（图5-5）。

### 3. 医养结合康复App的适老化设计

（1）调整App功能模块的比例。首先，对App信息布局和各功能模块等进行合理规划的设计。考虑到目标用户在使用App的过程中注意力是有限的，因此在进行初稿设计

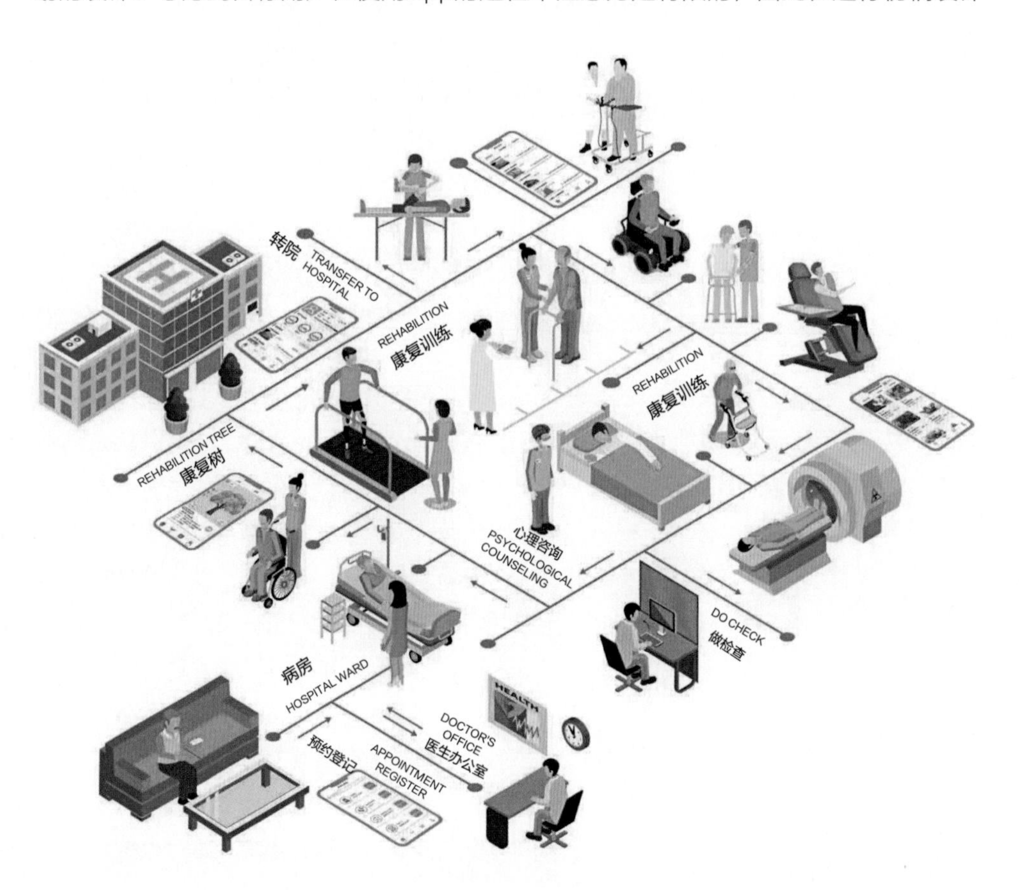


图5-5　服务系统图

后，通过眼动仪实验对目标用户进行可用性测试和访谈，将重要功能和内容放在用户操作界面时第一眼就能看见的区域，并删去多余的操作步骤。同时针对老年患者普遍的视力情况，App调整了每一页内各模块的占比。结合视觉和谐平衡的设计原则，将图片和图标在页面中的占比尽可能放大，字号也选择较大的16号，并使用健康鲜明对比的色块来划分，以便老年患者更清楚地区分各功能模块，快速地找到所需功能。

（2）增添趣味性模块。在原有单调的康复数据界面基础上，本康复App新增了康复树板块以及相关附属功能。结合亲和设计的原理以及老年患者对于绿色美好寓意的倾向心理，以康复树的萌芽、成长、结果等成长过程来寓意康复中的每个里程碑。患者可以完成每日康复训练，自主进行打卡康复树查看自身康复进度并累积康复果，并在每月内形成康复排行榜。经过一阶段的康复训练后，患者可使用康复果兑换实际的日用品奖励。设计的新增功能可让患者切身观察到每日身体状况变化，获取更多的主观能动性和积极的心理暗示，从而有助于康复疗效和患者的心理健康。

### 4. 商业画布

本项目采用商业画布分析了康复服务App的商业模式（图5-6）。

图5-6　商业画布分析

1. 目标顾客细分 Customer Segmentation&Target
- 有康复需求的老年群体
- 患有慢性疾病的老年患者
- 医院的医生、治疗师、护士

2. 需求/问题/机会 Problem
- 排队等待时间长
- 重复输入个人信息
- 纸质治疗单、医嘱易丢失
- 无法跟进康复进程
- 康复过程易丧失积极性
- 对康复过程熟悉无需指导
- 转院转诊信息不对等

3. 解决方案/产品Solution
- 线上预约挂号服务
- 病史、个人基本信息存储云端
- 医嘱、治疗单上传云端
- 康复树里程碑式进程呈现
- 康复果兑换实际奖励
- 提供器械预约+使用说明
- 转院优劣势分析服务

4. 独特价值定位 Unique Value Proposition
- 基于服务设计的医养结合云康复系统

5. 竞争优势 Competitive Advantage
- 可基本实现线上预约挂号
- 康复树里程碑式呈现康复进度
- 转院信息垂直分析对比
- 可预约器械设备

6. 传播点 Slogan
- 医养结合
- 服务设计重新架构康复系统

7. 推广 Marketing/ Channel&Sell
- 软文宣传
- 行业App广告直投

11. 战略目标和举措 Objective/Activities
- 前两年广告招商以30个广告为目标
- 在国内市场基本普及
- 实现精细化运营
- 进行持续数据回收，定期内容调优

8. 成本结构 Cost Structure
- App平台运营+维护
- 康复果兑换的商品支出
- 联合康复医院组织小型娱乐活动

9. 关键指标Key Metrics
- 日康复训练量
- 康复周期时长
- 每周社区发帖

10. 收入来源 Revenue Stream
- 付费问诊
- 器械租赁中介费用
- 医院方购买作为主要使用平台

## 四、结语

通过分析现有医养结合康复App的痛点和设计机会点，采用了服务设计的理念，贯彻了“以用户为中心”的服务设计核心原则，分析了老年患者及相关利益者在整个康复服务流程中的特点与需求，探索了医养结合康复App的设计思路，通过用户旅程、体验推动因素及优化模式、搭建App信息框架，并提出了线上预约挂号缴费、康复器械预约及租赁、康复树、康复果兑换商城、康复排行榜、转诊院优劣势对比等解决方案，从而促进了老年患者的康复流程效率以及用户体验。

注：本章为上海市大学生创新创业项目“健康老龄化背景下的医养结合康复系统服务设计研究与实践”成果，项目成员：戴佳妮、陈开毅、王逸豪、姜皓译。

# 第二节　基于感性工学的直立起立床设计要素研究

在同质化日趋明显的消费市场，产品造型的情感化已成为产品设计必不可少的因素，也日渐成为消费者购买产品的重要因素。对于医疗产品的设计亦是如此，冷硬的仪器容易给病患者带来一定的精神压力。为缓解这种无形的压力，需要外观造型设计在满足功能性的前提下，考虑为人机交互带来轻松感和舒适感的设计策略。[1]该研究以感性工学为理论与方法基础，以直立起立床为研究对象，结合眼动实验和评价构造法，获取产品造型的魅力要素，从而指导直立起立床的设计实践，也为设计出更符合用户情感需求、更加人性化的医疗产品提供一定的借鉴作用。

[1] 周毅晖. MRI设备外观造型设计的产品语意表现[J]. 装饰，2018（02）：134-135.

[2] 丁悦. 感性工学在可穿戴设备设计中的应用研究[J]. 工业设计，2019（03）：152-153.

## 一、感性工学概述

感性工学通过将用户对产品抽象的感性体验转化为理性具体的产品设计要素，帮助设计师更精准地把握用户的感性需求，设计出更符合用户情感的产品。感性工学的一般研究方法包括评价构造法、数量化一类分析，并在实验过程中综合运用资料收集、用户访谈、问卷调查、文献研究、数据分析与处理等相关研究方法。[2]

## 二、基于感性工学的直立起立床设计要素的分析流程

### 1. 确定实验样本

通过相关网站、医院、杂志等多渠道收集现有直立起立床图片，并根据造型、结构、色彩、材质等方面进行初步地筛选，保留50个样本图片。为避免样本图片的背景、角度等因素对被试者造成干扰而影响后续的实验结果，对收集到的图片进行处理和进一步的筛选，将带有背景的样本图片处理为统一的白色背景，并进行镜像、旋转等操作使其采用统一透视角度。对50个样本图片反复比较，去掉差异化较小、特色不鲜明的样本，最终保留极具代表性的10个样本图片，并将10个样本的屏幕显示尺寸统一为20cm×20cm，便于后续的实验研究。

### 2. 提取魅力要素

为收集直立起立床的魅力要素，该研究采用评价构造法的原理进行深度访谈，以指导后续直立起立床的设计实践。评价构造法主要是通过个人访谈，经过对物件 A 与 B 的成对比较法，明确讨论出物件的相似或差异关系后，通过整理归纳被访者的回答，从而

分析出用户在众多同类产品中的情感偏好。[1]

该研究挑选了6名具有直立起立床设计经验以及了解直立起立床的医护人员进行一对一的深度访谈，并对访谈全过程进行录音和记录，便于后续的分析。评价构造法的访谈包括中位、下位、上位三个不同层次的评价项目。以此次访谈为例，先按照评价构造法的原理让被试者对10个直立起立床样本图片进行分类，接着询问被试者分类的原始理由作为中位评价项目，询问分类的具体理由作为下位评价项目，询问分类的抽象理由作为上位项目。[2]例如，被试者回答分类的原始理由是现代设计感，便可以接着询问被试直立起立床的哪些特征或细节体现让你做出这样的分类，像绿色皮质、柔和的曲线等要素作为下位评价要素。再如，被试者回答分类的原始理由是造型上，便作为中位评价项目，再次询问被试者分类的理由，如被试者的回答是机械感，便作为上位评价项目。

先对6名被试者的表述分别制作出各自的评价构造图，再将每个被试者的评价构造图进行归类整合得到最终的直立起立床评价构造图。依据上位评价项目、中位评价项目及下位评价项目被提及的次数进行排序，选取提及次数最多的项目作为主要魅力要素。通过整理归纳可分为形式、色彩、功能、材质四个类别，并根据类别将主要魅力要素进行归类从而得到魅力评价表（见表5-2）。

**表5-2　　直立起立床魅力评价表**

| 类别 | 形式（X1） | 色彩（X2） | 功能（X3） | 材质（X4） |
| --- | --- | --- | --- | --- |
| 项目 | X1-1应用典型的纹理图案<br>X1-2简洁概念的几何形态<br>X1-3清晰可见的活动构件<br>X1-4相对协调的形态比例 | X2-1色彩丰富<br>X2-2简洁统一<br>X2-3温和亲切<br>X2-4未来炫酷 | X3-1可供就餐的桌板<br>X3-2保障安全的两侧扶手<br>X3-3床板模块化，以调整患者姿态 | X4-1亲切纺织床面<br>X4-2舒适皮革床面<br>X4-3稳固钢铁床架<br>X4-4轻质塑料材质 |

### 3. 眼动测试与魅力程度评分

为了量化直立起立床的魅力程度，邀请50名受测者对10张直立起立床样本图片进行魅力评分，并将魅力程度评分与眼动测试结合起来，在测试过程中10张样本图片依次呈现，每张样本图片呈现5s后自动跳转到魅力评分，被试根据5s的观察对样本图片进行1~10分的魅力程度评分。

眼动仪一般以注视时间、注视位置、眼跳次数、追踪轨迹、瞳孔大小、眨眼频率等参数为依据，来推测用户的认知、情绪、喜好与习惯。[3]该研究中眼动测试采用的是Tobii眼动仪，频率60Hz。利用Tobii眼动仪的视觉跟踪技术，可记录到被试较为感兴趣或关注的空间位置和注视时间以及被试的视觉轨迹移动情况，从而形成了热点图和路径图。[4]

实验邀请的50名被试者，年龄范围控制在18～50岁，裸眼或矫正视力在1.0以上，无色弱、色盲、夜盲症及斜视。为了保证被试者整个测试的舒适度，在实验过程中不使用任何固定设备，但要求距离屏幕65cm左右，不要随意晃动。在测试之前对每一名被试者进行预实验，部分被试者因为眼动速度或视力问题不能被眼动仪捕捉或捕捉不完整，不再继续参与实验，最终留下45名被试者参与后续实验。

### 4. 魅力要素评分与一对一访谈

每一名被试者在进行眼动仪测试之后首先进行网上问卷的填写，对刚刚观察的10张

[1] 席乐，吴义祥，叶俊男，肖旺群，程建新．基于魅力因素的微型电动车造型设计[J]．图学学报，2018，39（04）：661-667.

[2] 张抱一．基于偏好的设计：魅力工学及其在产品设计中的应用研究[J]．装饰，2017（11）：134-135.

[3] 康丽娟．眼动实验在设计研究中的应用误区与前景——基于国内研究现状的评述[J]．装饰，2017（08）：122-123.

[4] 刘雁，吴天宇．基于眼动仪实验法的水墨招贴视觉差异性研究[J]．设计艺术研究，2015，5（06）：31-36.

样本图片进行魅力要素的评分，针对上述魅力要素评价表中的每一“具体评价项目”，可选择符合记为“1分”代表样本具备其特点，而不符合记为“0分”代表样本未具备其特点；问卷填写完成后被试者接受一对一的访谈，访谈者询问被试者在对10张直立起立床的样本图片进行评分时，最低分及最高分的评分理由，引导被试从形态、色彩、功能及材质这四个方面进行回答，被试者所回答的主观信息可作为此次客观研究的补充性材料，对访问过程进行录音，便于后续的整理归纳总结。

## 三、数据分析

### 1. 眼动测试数据分析

在进行眼动测试之前，测试者已根据直立起立床的结构特征将10张样本图片分别进行兴趣区域（AOI，area of interest）的划分，分为床面、床架、护栏、臂力支架、脚踏、手托板6个重要部分，便于后续的分区研究。测试后形成的部分热点图和路径图（图5-6）。

通过观察45名被试者眼动仪实验的热点图并结合兴趣区域可以得知，被试者的视觉热点集中在护栏、手托板两处保证安全和提供便捷的区域以及作为主体区域的床面，而

图5-6 眼动仪实验部分热点图（左）和路径图（右）示例

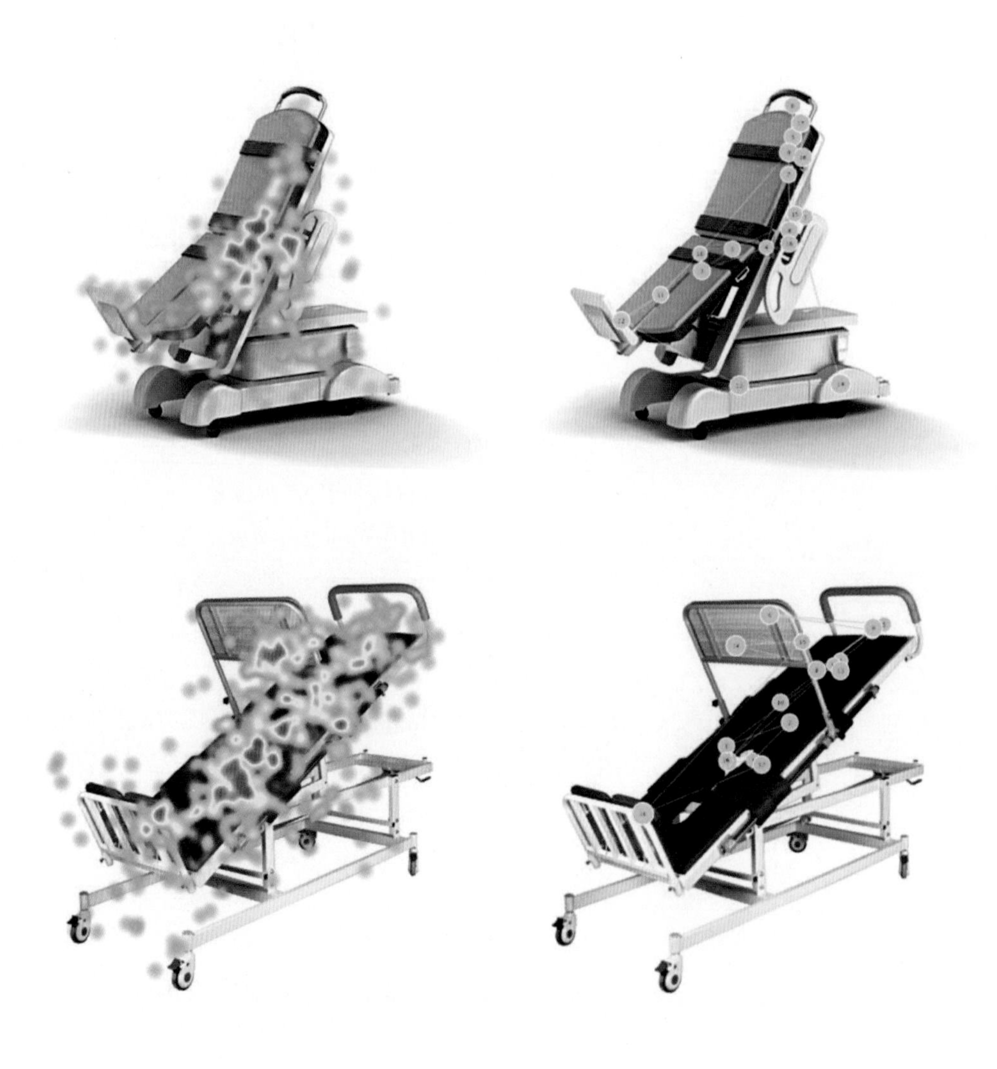

对臂力支架、脚踏以及床架3个区域关注度较低。从路径图也可以看出，被试者首先观察及观察次数最多的均是护栏以及护栏与床面衔接的部分，有些被试者在观察过程中甚至会完全忽略其他结构。

### 2. 魅力要素评分与访谈结果分析

结合眼动测试后对被试的一对一访谈，可进一步证实被试者对直立起立床的安全性和便捷性的高度重视。他们较为关注护栏和手托板的设计，其次关注的是床面的舒适度，相较纺织面料，被试更看好皮革的舒适性和易清洁性。从访谈也进一步了解到裸露、结构较简单的床架给被试者以不安全、不稳固的心理感受，而厚重和包裹起来的床架则给被试者功能多和安全的心理感受。在床面的装饰及颜色选取上，整体简洁无繁复花纹以及稍明亮一点的颜色更受被试者青睐。

将魅力程度评分的结果进行统计和分析，评分最高的是样本4，其次是样本7（图5-7）。可以看出样本4和样本7均将裸露冰冷的床架包裹起来，采用舒适的皮革床面，安全灵活的护栏，而区别在于样本4的床面进行了模块化处理，可满足使用者的不同姿态使用，床面的颜色选用简洁的蓝色，相较沉重的黑色更具亲和力。评分结果与眼动测试及访谈分析基本吻合。

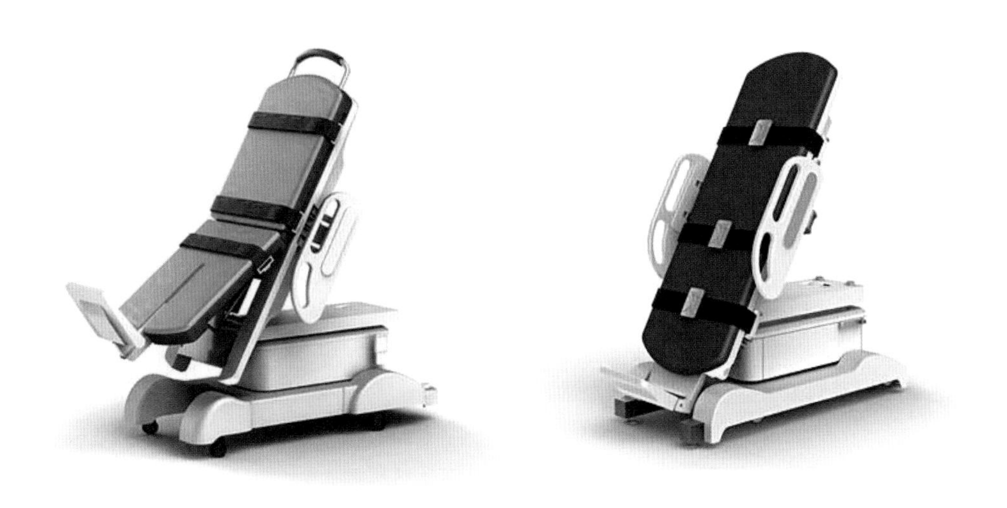

图5-7　样本4（左）和样本7（右）

### 3. 问卷数据分析

将问卷所得数据进行统计，得出10个样本的魅力要素平均分（表5-3）。从表5-3中可知魅力要素平均分最高的仍是样本4，为0.67分，其次为样本7的0.65分，与魅力程度评分的结果相吻合。进一步分析样本4的具体魅力要素评分（图5-8），可以看出得分最高的魅力要素为X1-3清晰可见的活动构件、X3-3床板模块化、X4-3稳固钢铁床架。

表5-3　　魅力要素平均分汇总

| 样本编号 | 1 | 2 | 3 | 4 | 5 | 6 | 7 | 8 | 9 | 10 |
|---|---|---|---|---|---|---|---|---|---|---|
| 魅力要素平均分 | 0.56 | 0.49 | 0.53 | 0.67 | 0.56 | 0.50 | 0.65 | 0.58 | 0.49 | 0.56 |

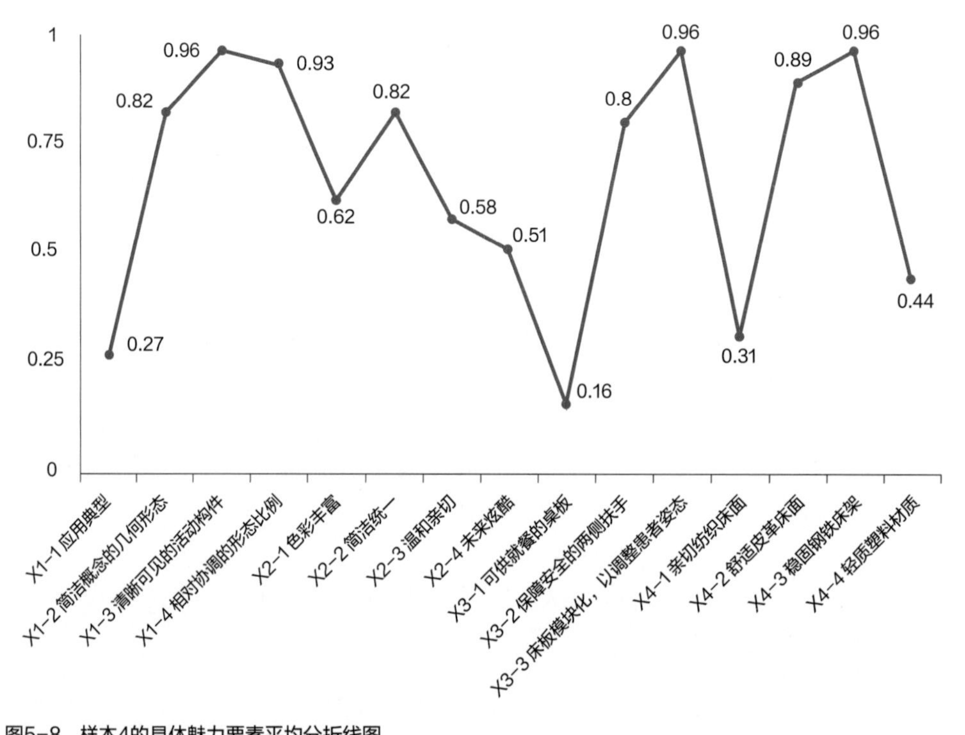


图5-8　样本4的具体魅力要素平均分折线图

## 四、结论

基于研究认为，在进行直立起立床的设计实践时，设计者应首先保证其安全性和便捷性，体现在稳固的床架以及灵活的护栏和手托板，而将裸露的床架包裹起来可增加亲和力。可以在满足基础功能的基础上将床面进行模块化处理，方便患者调整姿态，选择较舒适的皮革材质以及简洁统一的形态和配色。

感性工学是帮助设计师更加理性分析用户情感需求的有效方法，结合眼动实验和魅力要素分析，将人们对产品的感性认知进行量化，从而帮助设计师设计出更符合消费者情感需求的医疗产品。

注：本章为上海市大学生创新创业项目“基于感性工学研究的直立起立床设计”成果，项目成员：孟维维、李一凡、张锦初、倪家玲。

第六章

# 案例展示

## 第一节　社区闲置物品共享系统服务设计

### 一、社区闲置物品共享服务设计课题背景

基于共享经济的可持续化社区构想，希望将社区居民闲置物品进行最大程度的循环利用，从而减少物品的闲置，诸如家用工具重复购买带来的浪费等。

服务设计系统从可持续发展理念入手，致力于社区闲置物品的循环使用，避免居民物品闲置而造成的资源浪费，服务设计对资源进行合理配置。课题践行联合国17个可持续发展目标中“可持续城市和社区”的发展目标与理念。

### 二、分析问题

以头脑风暴法、调研、KJ法系统地进行问题梳理，并最终以视觉化形式呈现问题地图，要体现出服务前各种问题之间的主次关系、流程关系（图6-1）。

问题分析阶段是整个课题服务设计的框架雏形，问题全面性及关系梳理的层次性都很重要，后续服务设计的功能模块组成及各模块之间的关系都对用户的体验效果有着很大影响，所以一般这个阶段的问题要呈现出形象化的视觉形式，强化设计师在此阶段对问题的整体及细节认知，同时也更能直观、系统地呈现服务前的课题痛点。这个过程也是用户与产品的触点以及服务方式、服务流程等“软硬件”的萌芽阶段（图6-2）。

### 三、解决问题

#### 1. 服务设计系统框架构想

在前期问题梳理的基础上，针对问题的系统及流程关系，提出对应的解决方案思路及框架，也就是服务122触点及流程的构想图。主要分为两个用户端：居民和服务管理者，对应彼此的痛点提出相应的解决策略及服务流程（图6-3）。

社区居民　　共享管理中心　　社区物业

## 社区居民

### 存放

是否所有物品都可以存入共享系统？

借用的时间长短是否关联耗资（积分等）？

如何取回自己曾经共享出去的物品？

### 借用

如何预约物品？

如何取到物品？

如何使取物品的过程最大便利化？

### 归还

归还点太远怎么办？

如何归还物品？

### 使用

自己共享出去的物品损毁怎么办？

借用的物品损毁了怎么办？

## 共享管理中心

### 存放

#### 录入

如何对共享物品做标记？

如何检验、评估物品是否符合共享原则？

#### 归还

如何保证归还一致？

如何在归还的重检物品完好情况？

### 借出

如何解决预约后逾期不取？

是否需要规定借用时间？

如何实施物品配送？

### 运营

#### App

如何保证有借有还？

如何宣传、普及使用流程？

通过何种手段获得维持日常运营的资金？

如何让居民选择该共享系统而不是自己买新的用？

#### 实体

如何对共享物品做存储？

如何降低团队运营成本？

如何在后疫情时代保障物品的卫生安全问题？

## 社区物业

### 运营

如何与社区物业等多方合作运营？

非本小区的是否可以共享？

如何将共享行为关联到个人？

通过何种方法鼓励人们共享物品？

图6-1　问题分析一　KJ法问题归纳

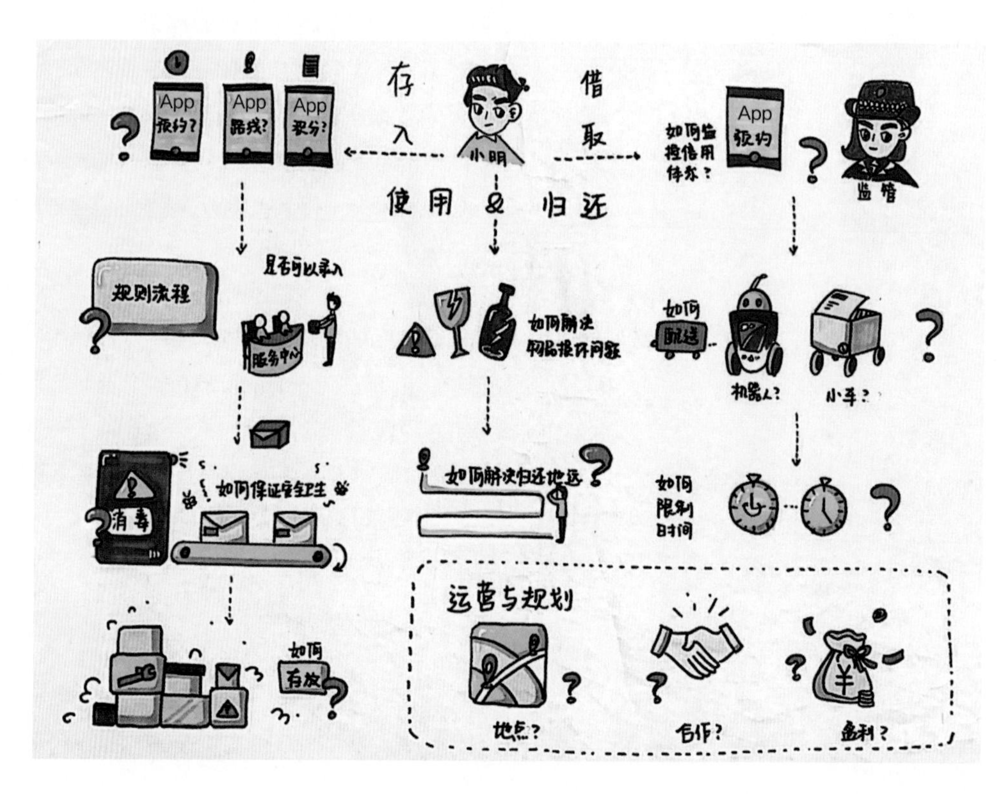


图6-2　问题分析二　问题思维导图

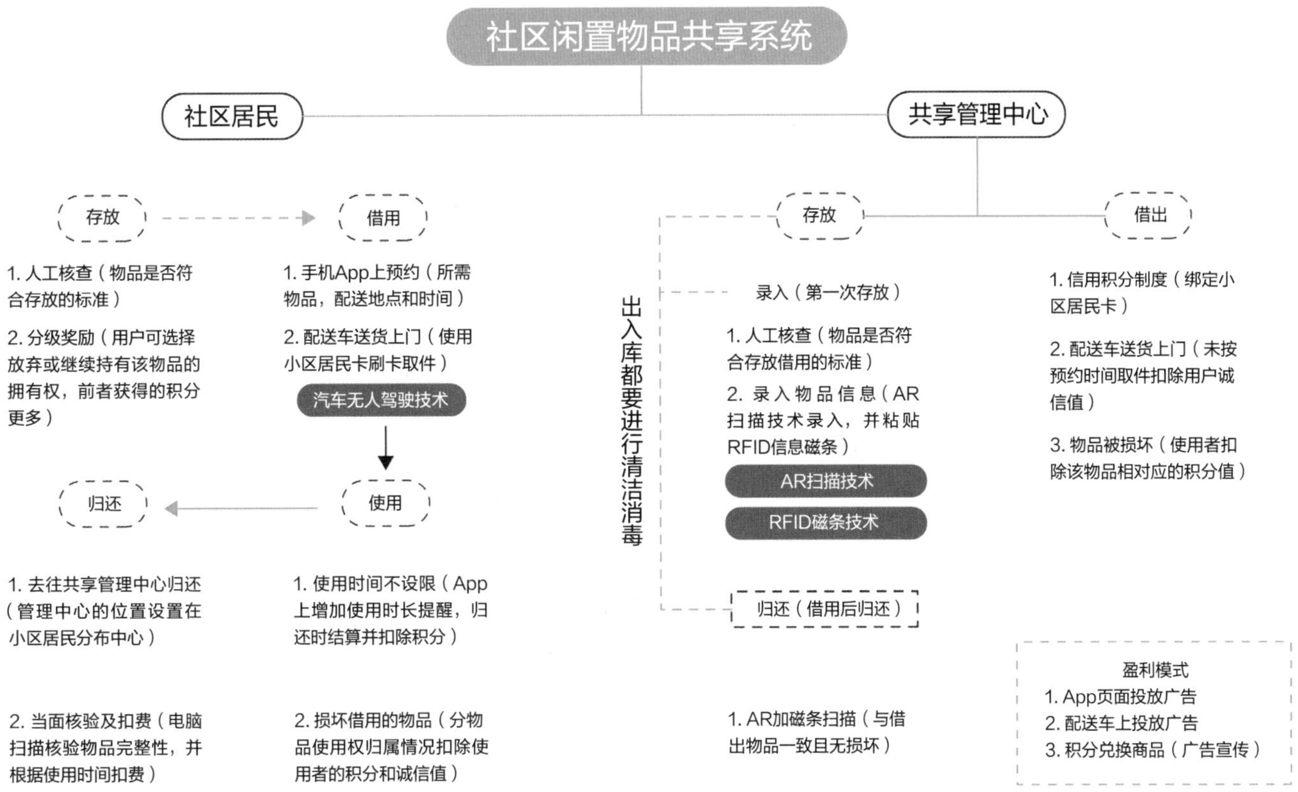

社区闲置物品共享系统

社区居民

存放

1. 人工核查（物品是否符合存放的标准）

2. 分级奖励（用户可选择放弃或继续持有该物品的拥有权，前者获得的积分更多）

借用

1. 手机App上预约（所需物品，配送地点和时间）

2. 配送车送货上门（使用小区居民卡刷卡取件）

汽车无人驾驶技术

使用

1. 使用时间不设限（App上增加使用时长提醒，归还时结算并扣除积分）

2. 损坏借用的物品（分物品使用权归属情况扣除使用者的积分和诚信值）

归还

1. 去往共享管理中心归还（管理中心的位置设置在小区居民分布中心）

2. 当面核验及扣费（电脑扫描核验物品完整性，并根据使用时间扣费）

共享管理中心

出入库都要进行清洁消毒

存放

录入（第一次存放）

1. 人工核查（物品是否符合存放借用的标准）

2. 录入物品信息（AR扫描技术录入，并粘贴RFID信息磁条）

AR扫描技术

RFID磁条技术

归还（借用后归还）

1. AR加磁条扫描（与借出物品一致且无损坏）

借出

1. 信用积分制度（绑定小区居民卡）

2. 配送车送货上门（未按预约时间取件扣除用户诚信值）

3. 物品被损坏（使用者扣除该物品相对应的积分值）

盈利模式

1. App页面投放广告

2. 配送车上投放广告

3. 积分兑换商品（广告宣传）

图6-3　服务系统构想

## 2. 服务系统故事板

故事板以用户需求为导向，以可视化及服务体验方式引导设计人员参与用户使用情景，进而发现更多的用户潜在需求及新的问题，同时这个过程可以深化设计构思，并且能初步对服务设计触点及流程进行视觉化表达。课题故事板可以分为三个阶段：分别为服务前、服务中和服务后（图6-4、图6-5）。

故事板中包括人物（Who）、地点（Where）、时间（When）、产品（What）、原因（Why）、方式（How），其中Who、Where、When、Why是服务设计中的人和场景，What是服务设计触点，How是服务设计中流程以及服务方式。

故事板一主要描述了六个场景问题及策略，分别是：①家中闲置物的处置难题；②来到服务中心咨询；③入库消毒；④服务系统统一存放保管；⑤安装App借用自己需要的工具；⑥借用成功、准备接收。故事板二的六个场景分别是：⑦取工具的方式；⑧取件成功；⑨归还方式；⑩工作人员验收；⑪消毒；⑫App系统完成。以上故事场景根据用户需求进行关键服务环节模拟，对探索服务系统触点产品及服务方式有很大帮助，并能梳理服务流程及互动方式（图6-4、图6-5）。

图6-4 故事板一

图6-5 故事板二

### 3. 服务系统流程图

流程图的主要目的是梳理并展示宏观上主要服务方式及流程，包括各功能区的关系及流程以及用户与管理者在服务各阶段的互动方式等。社区闲置物共享服务系统主要分为“存件”与“借件”两大功能。服务系统管理者采用积分制度来奖励将闲置物存放入系统库中的居民，此后可利用此积分来换取其他工具的使用权限。在存放入库的环节设置手机App预约、亲自上门和交互屏幕预约等多种预约方式，可以满足不同年龄阶段用户的需求；在借取物品的环节增设智能配送车来简化取件流程，尽可能为用户带来最大的便利（图6-6）。

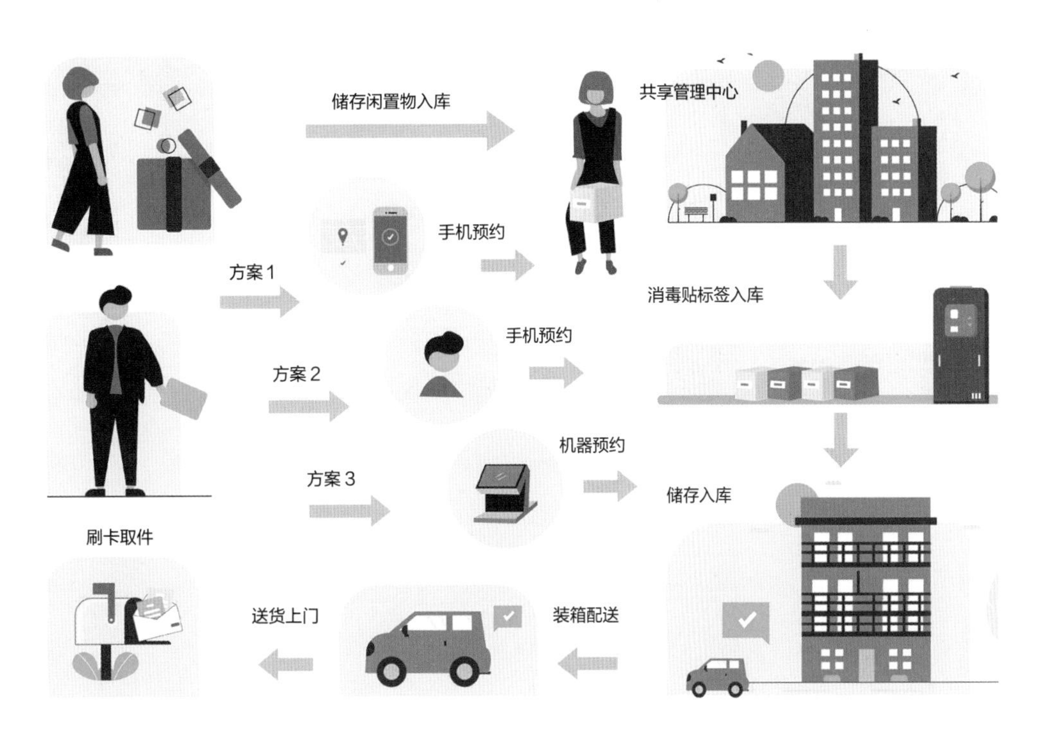


图6-6 服务系统流程图

### 4. 服务设计系统图（图6-7）

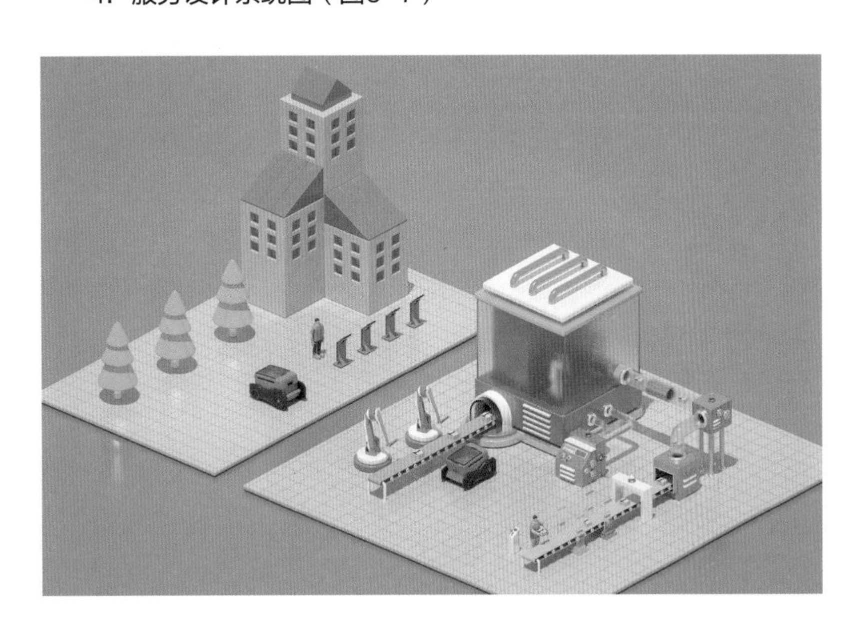

图6-7 社区闲置物共享服务设计系统图

## 5. 服务系统触点产品设计

社区闲置物共享服务系统的设计基本解决了问题分析部分的痛点，其中“中心化”的运行模式，设立统一收集调配的中心服务站，服务站有工作人员进行扫描、录入等工作；采取线上线下双重预约的模式；在社区内设立交互屏来方便没有智能手机的群体使用；配送车解决取件距离远的问题（图6-8、图6-9）。

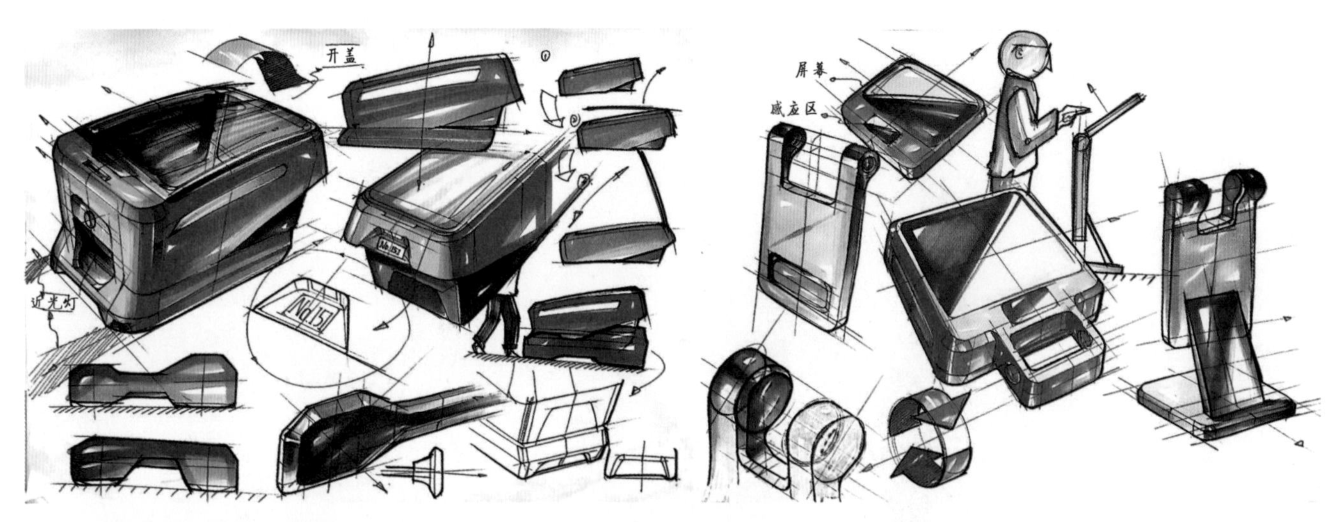


图6-8　服务系统触点产品构思草图

图6-9　服务系统触点产品效果图

6. 服务系统App交互界面及标志设计（图6-10、图6-11）

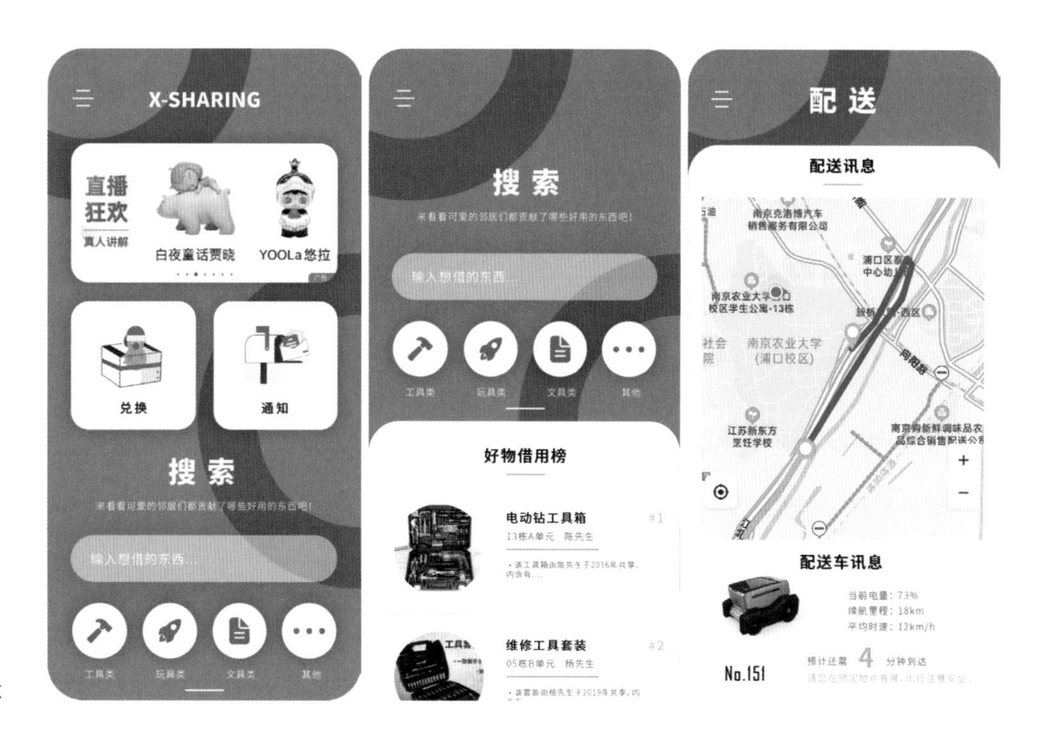


图6-10 移动端交互界面展示示意

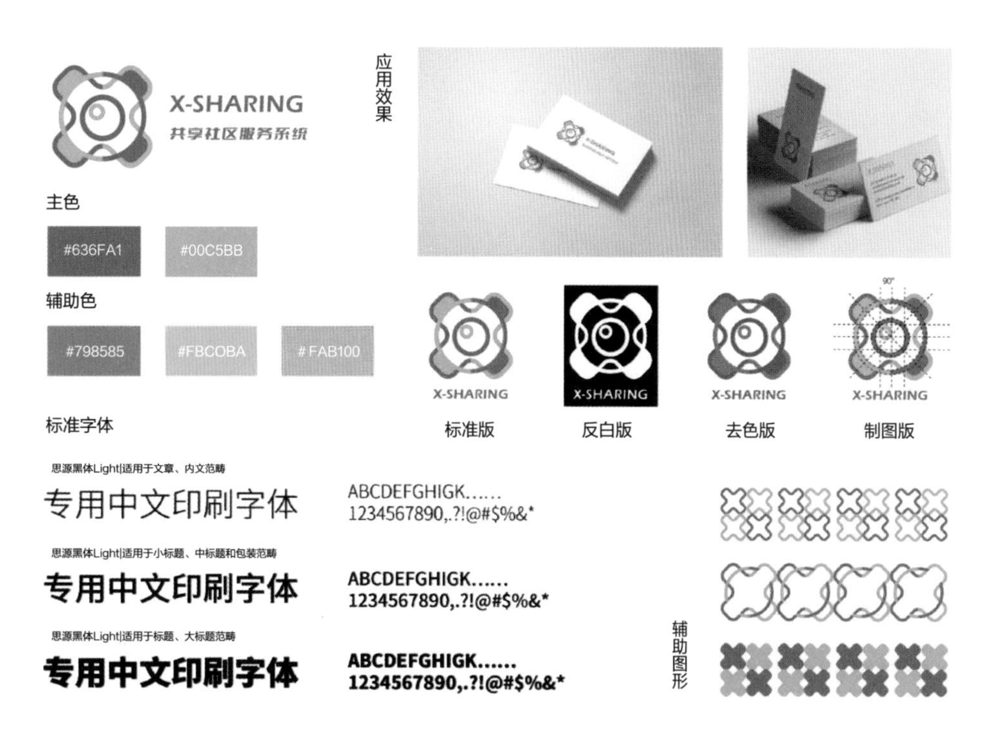


图6-11 社区闲置物共享服务系统标志设计

## 四、课题解析及点评

该课题选题为社区闲置物共享服务系统设计，围绕社会可持续服务设计主题，极具社会价值，为未来社区服务及可持续发展提供模式参考。课题从问题出发，课题框架及服务功能模块搭建完整，服务流程合理流畅。服务及系统关系图示化表达清晰，服务触点产品及服务方式的设计都很有前瞻性。

注：本节作者为南京农业大学工学院工业设计专业2017级学生：王西子、黎卓杰、孙孝凡。

## 第二节　社区老年人医疗健康服务系统设计

### 一、课题介绍

现阶段我国老龄化程度日趋明显，课题针对当前老年人社区养老健康、社区医疗条件不足，以及远程线上看病局限性大等问题，设计了一个社区老年人医疗健康服务系统。系统将社区养老和医疗相结合，主要分为健康监测、远程面诊、锻炼康复、休闲娱乐四部分，针对每个部分分别设计了产品，包括健康医疗检测设备、CT扫描仪（健康监测、远程面诊）、外骨骼康复手套设备（锻炼康复）、老年人园艺工具（配套休闲娱乐），且都结合老年人用户特点进行软硬件的适老化设计。

### 二、问题分析

首先由小组成员，根据前期调研进行头脑风暴并结合KJ法罗列课题所涉及的问题，再进行问题分析及问题梳理（图6-12、图6-13）。

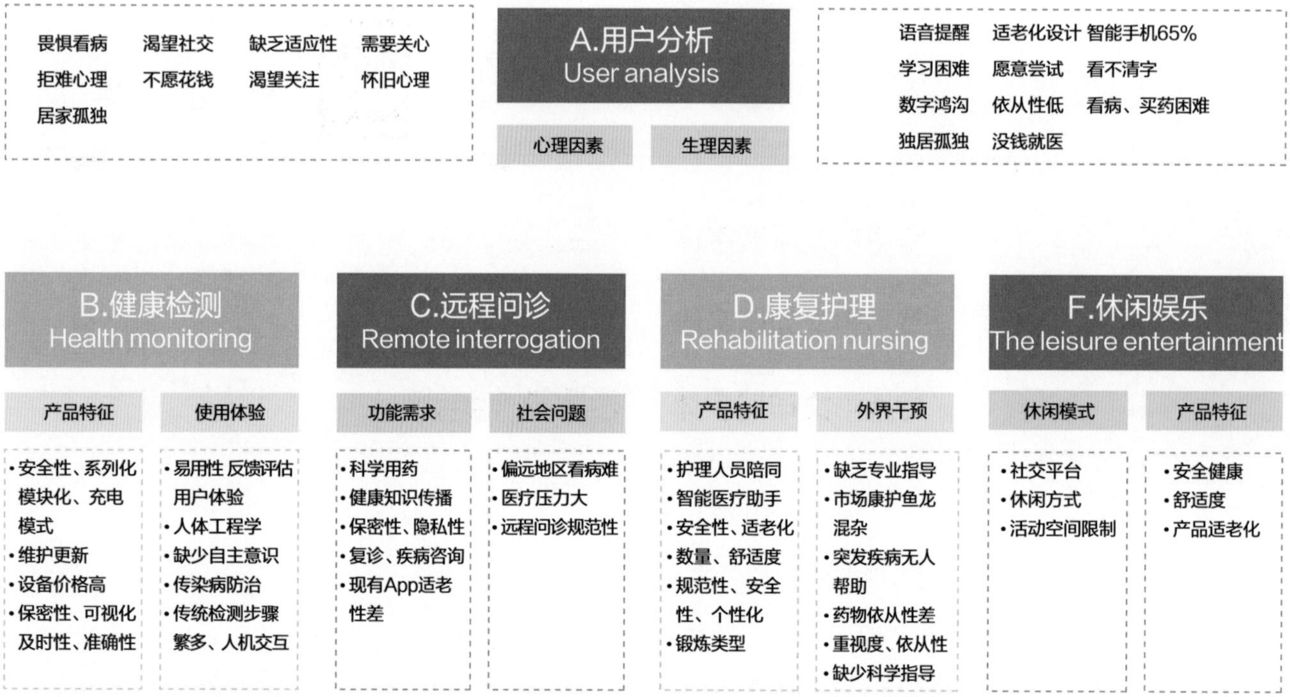

图6-12　问题分析一　KJ法问题归纳

A.用户分析
User analysis

心理因素：畏惧看病　渴望社交　缺乏适应性　需要关心　拒难心理　不愿花钱　渴望关注　怀旧心理　居家孤独

生理因素：语音提醒　适老化设计　智能手机65%　学习困难　愿意尝试　看不清字　数字鸿沟　依从性低　看病、买药困难　独居孤独　没钱就医

B.健康检测
Health monitoring

产品特征：
- 安全性、系列化模块化、充电模式
- 维护更新
- 设备价格高
- 保密性、可视化及时性、准确性

使用体验：
- 易用性 反馈评估用户体验
- 人体工程学
- 缺少自主意识
- 传染病防治
- 传统检测步骤繁多、人机交互

C.远程问诊
Remote interrogation

功能需求：
- 科学用药
- 健康知识传播
- 保密性、隐私性
- 复诊、疾病咨询
- 现有App适老性差

社会问题：
- 偏远地区看病难
- 医疗压力大
- 远程问诊规范性

D.康复护理
Rehabilitation nursing

产品特征：
- 护理人员陪同
- 智能医疗助手
- 安全性、适老化
- 数量、舒适度
- 规范性、安全性、个性化
- 锻炼类型

外界干预：
- 缺乏专业指导
- 市场康护鱼龙混杂
- 突发疾病无人帮助
- 药物依从性差
- 重视度、依从性
- 缺少科学指导

F.休闲娱乐
The leisure entertainment

休闲模式：
- 社交平台
- 休闲方式
- 活动空间限制

产品特征：
- 安全健康
- 舒适度
- 产品适老化

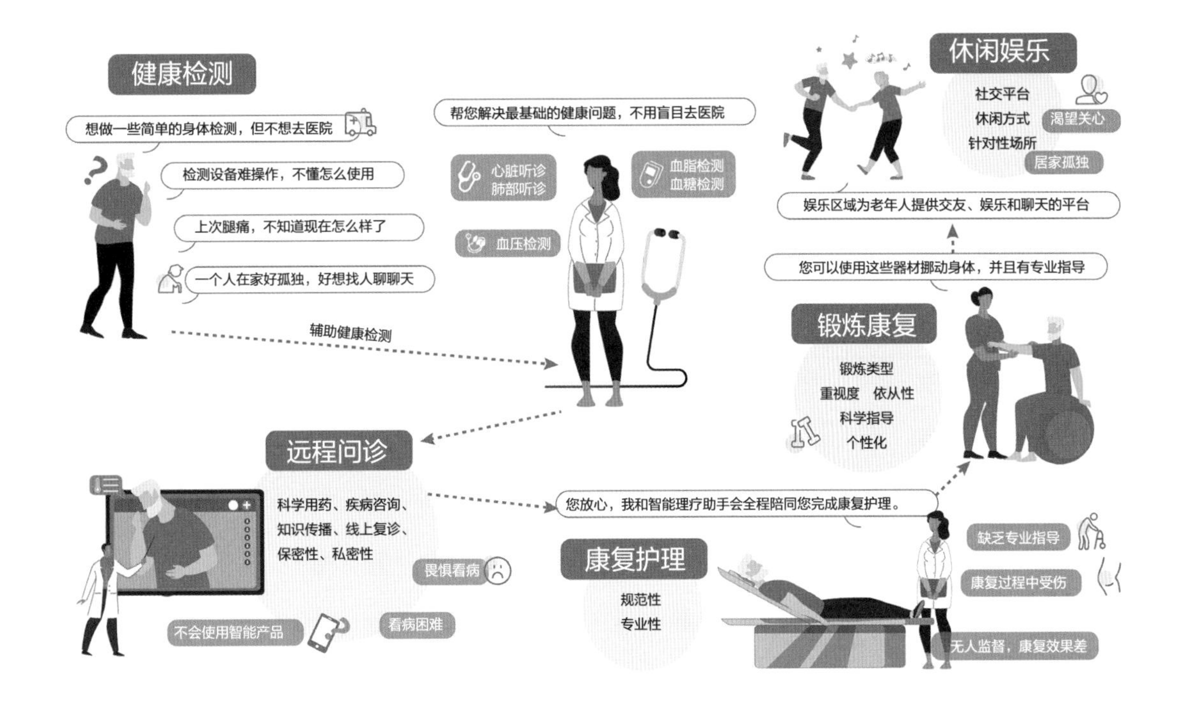


图6-13 问题分析二 问题思维导图

## 三、服务系统流程

通过问题分析可知，社区老年人健康医疗问题多样化，并且涉及很多流程问题，所以针对问题分类，首先进行了服务流程梳理（图6-14）。首先老年人到前台进行信息登记和需求说明，接着医务人员会辅助老年人使用健康监测设备进行基础检查，如果有比较严重的健康情况，医护人员会用CT扫描仪进行进一步检查。如无健康问题，老年人可以选择到锻炼康复区或者休闲娱乐区进行日常活动；如果有健康问题，社区老年医疗健康服务中心能够提供线上面诊的服务，可以线上连线三甲医院医生，给出更加专业的病情反馈和治疗建议。

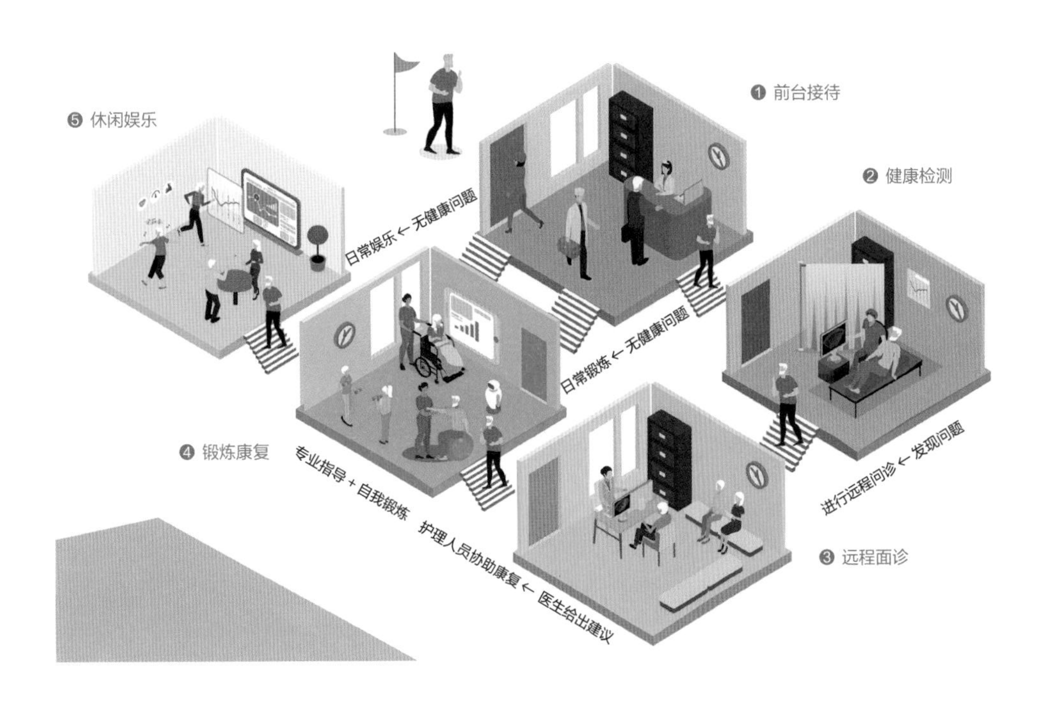


图6-14 服务系统流程图

## 四、故事板

以上流程梳理明确了社区老年人健康医疗服务各环节的步骤及服务内容，在此基础上进行故事板的绘制，细化服务设计细节，明确服务触点，针对目标用户各环节需求进行设计，按照从问题到解决方案的思路进行故事板各场景内容的设计（图6-15、图6-16）。

Story-board 1
故事板

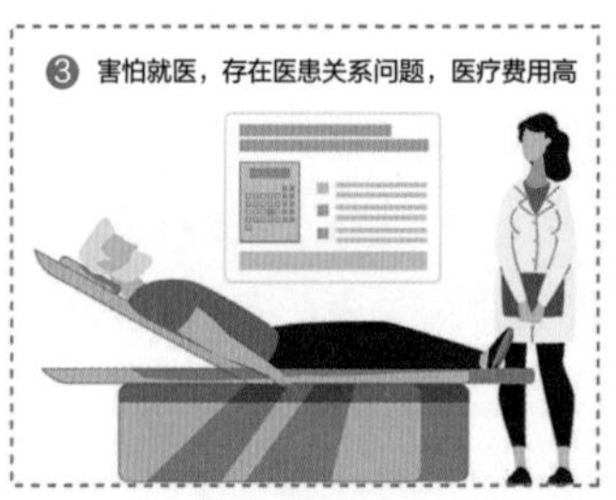

图6-15　故事板一

Story-board 2
故事板

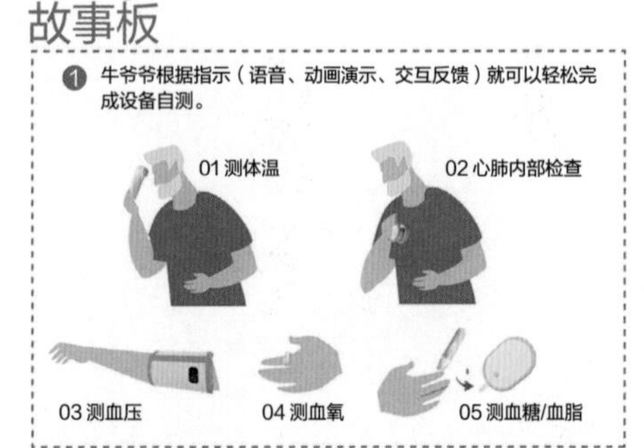

图6-16　故事板二

## 五、服务系统触点产品设计

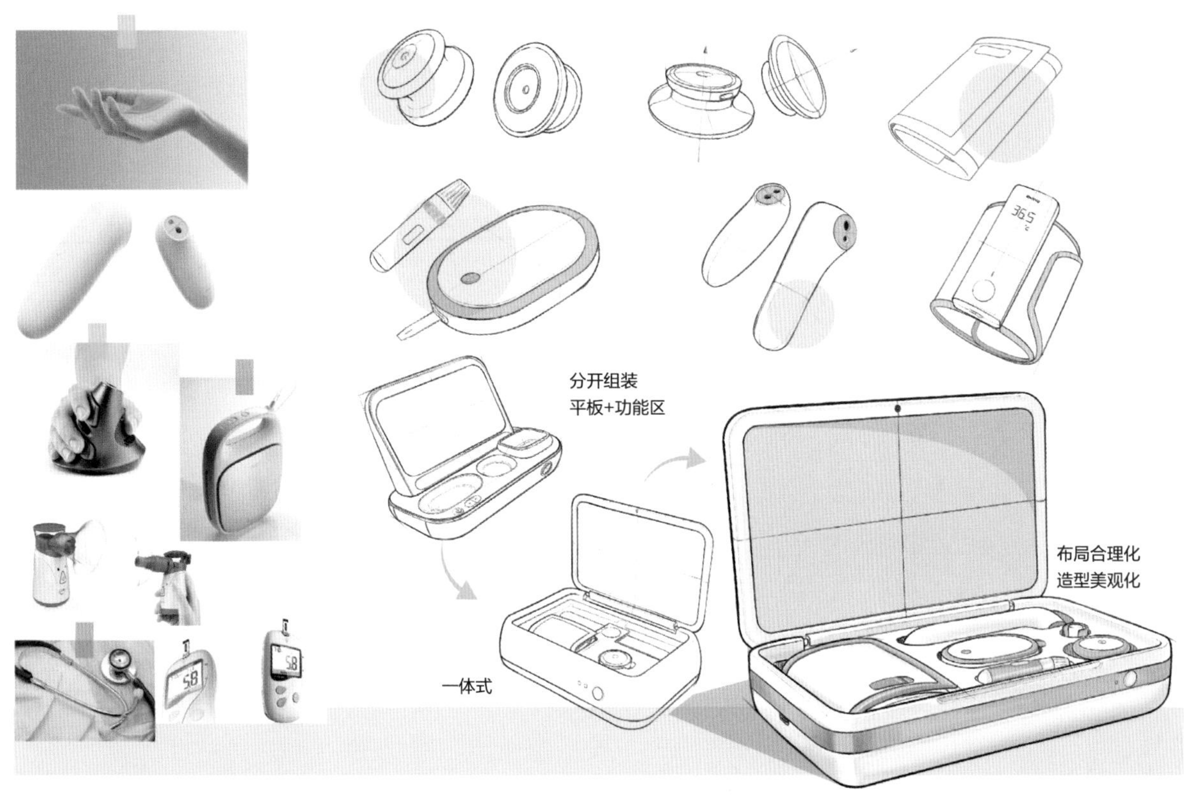


图6-17　检测组合产品设计草图

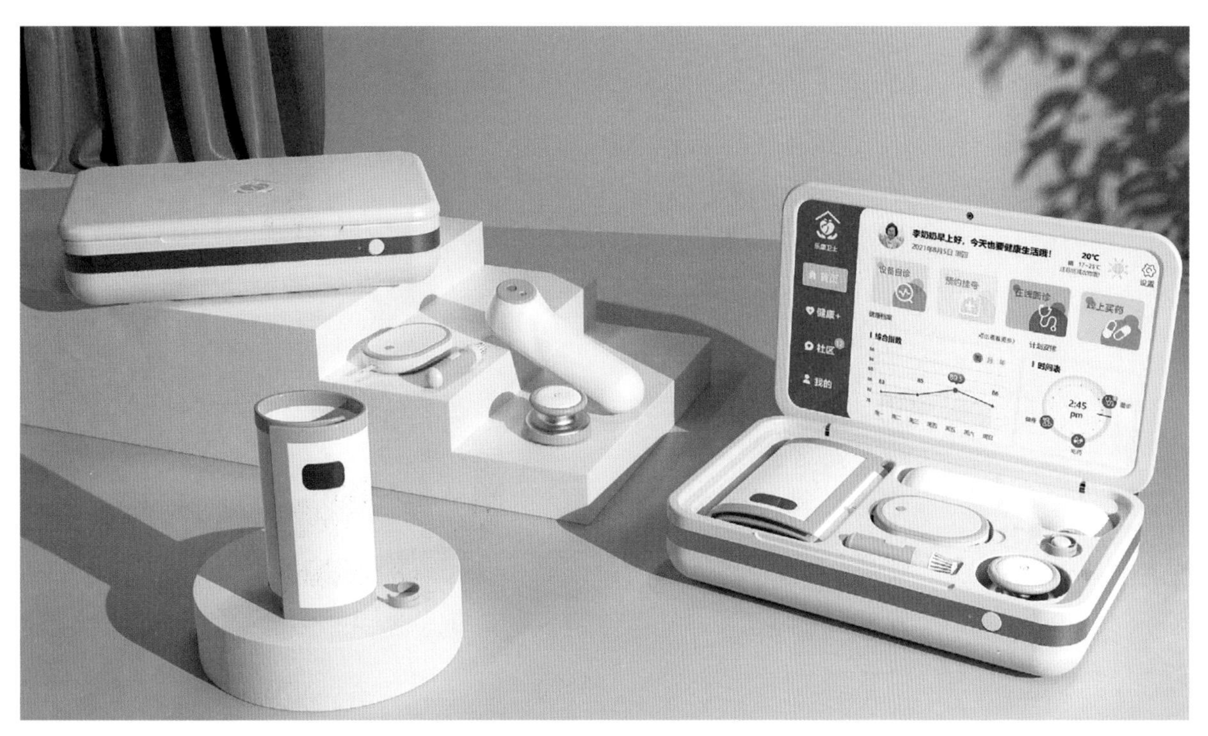

图6-18　检测组合产品设计效果图

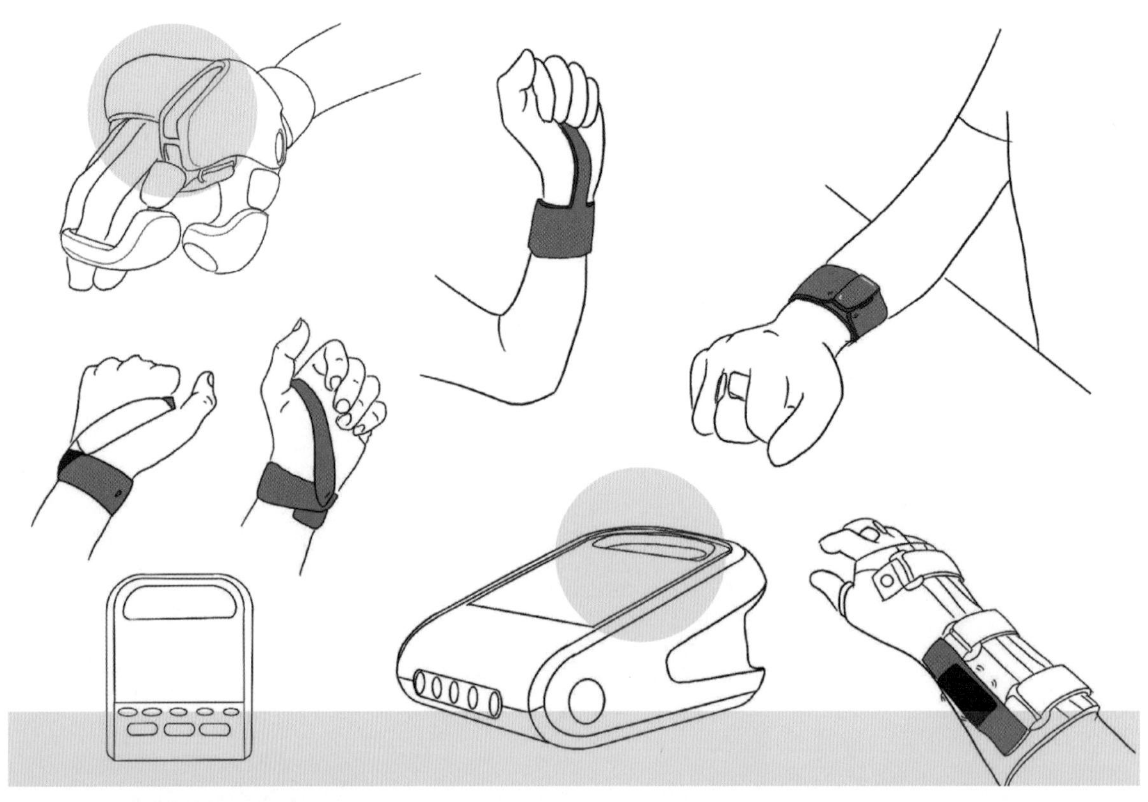

图6-19　外骨骼康复手套产品设计草图1

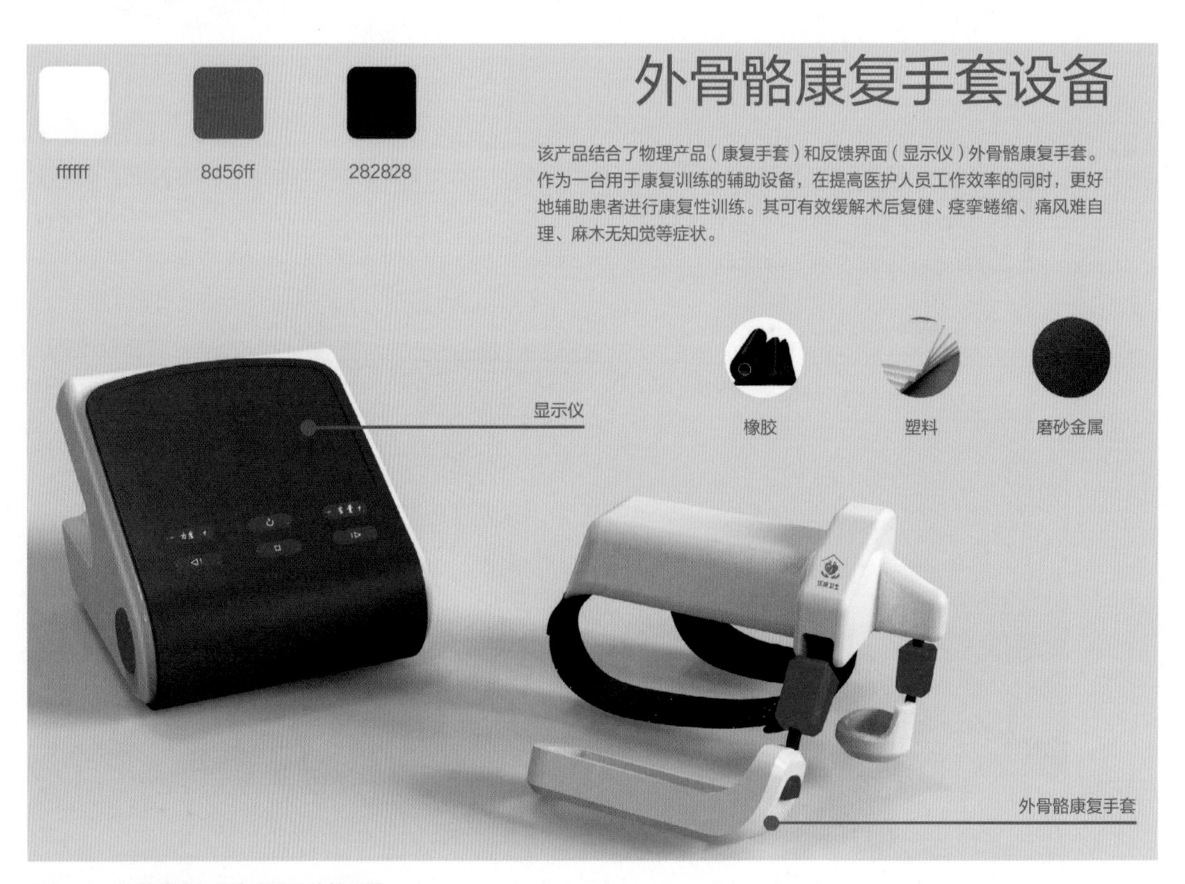


图6-20　外骨骼康复手套产品设计效果图2

## 六、服务系统标志及App设计

线稿样式　黑白样式　彩色样式　白色样式　王术

文字横版

社区 + 老人 + 呵护+爱心 =

标志的主体由四种元素构成，即社区、老人以及表示呵护的手和爱心；标志的整体是一间屋子，顶部的屋檐代表社区老年健康服务中心，表明地点，中间是由两个人物形象象征一个人搀扶着老人，二者共同组成一个爱心，表明服务和被服务对象；底部一双向上托举的手，表明对老年人的呵护与关爱。饱和度较低的紫色，色彩柔和典雅，给老年人带去舒适、安逸的感觉。

色彩说明：

R:133 G:133 B:255　R:112 G:101 B:224

图6-21　触点产品及服务场景效果

1. Color搭配

2. 设计原则

01 布局合理化　04 提高容错性
02 选项精简化　05 直观简洁化
03 提示明确化　06 设计情感化

社区：接收社区发布信息，每日健康打卡、亲友、医护、社区人员在线聊天、分享动态

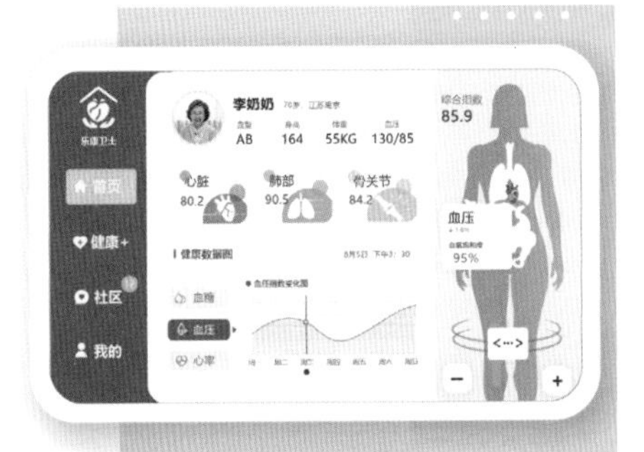

健康档案：数据可视化分析，更加方便直观，病情早知道、早治疗

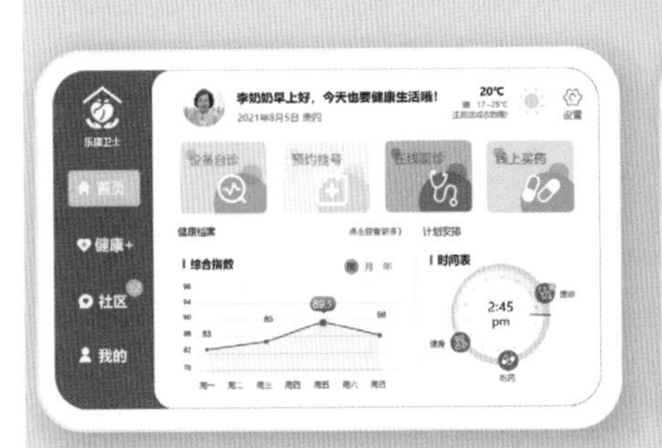

首页：色彩和图标区分不同功能，布局尺寸合理化、选项和页面精简化、减少步骤页面，使用方便快捷

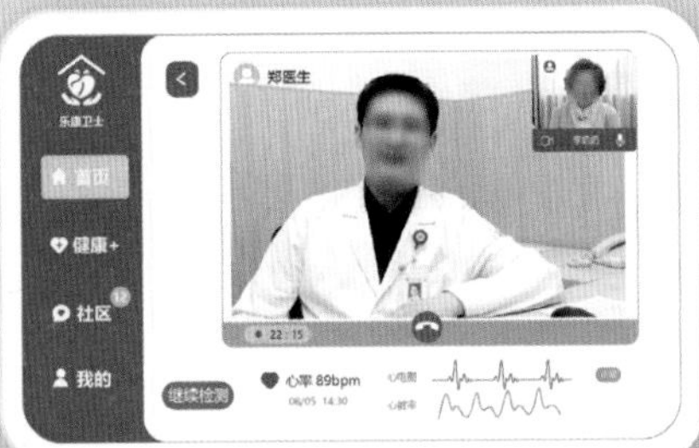

线上面诊：医患远程看病，数据实时同步，足不出户完成看病

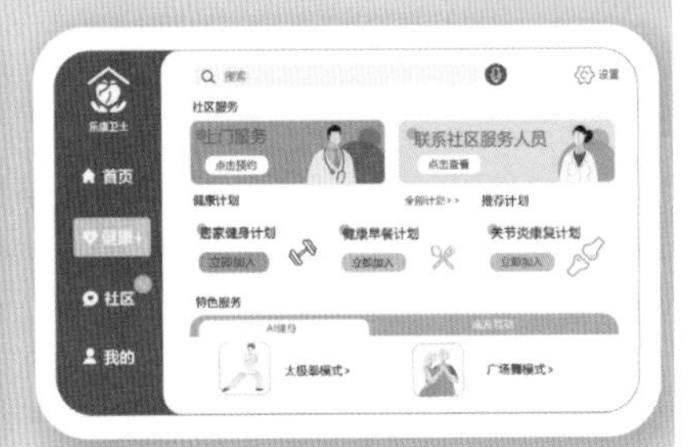

健康+：制定个性化社区服务、健康计划、AI智能健身，让老年人也能享受到智能生活的便利

图6-22　服务系统App设计

图6-23　服务系统海报设计

## 七、课题解析及点评

该系统旨在为老年人提供一个更加全方位的社区养老医疗健康服务，让老年人在“家门口”即可享受到智慧养老和智慧医疗的便利，很有现实意义。课题问题梳理清晰，各环节功能解决方式及服务流程的表现都能进行视觉化图示表达，服务系统触点产品的表现有创新，系统服务流程也突显了课题智慧养老及医疗特色。课题的探索及课题设计成果对目前社会关注的老人健康及养老问题具有一定参考意义。

注：本节作者为南京农业大学工学院工业设计专业2019级学生：王术、吴琪、邱妍、陈佳琪。

# 第三节　基于TNR原则的校园流浪猫管理服务系统设计

## 一、课题介绍

课题目标是改善校园流浪猫繁殖较快、流浪猫病害及抓伤咬伤等问题。TNR救助原则是目前国际上公认的流浪猫救助原则，TNR是英文Trap（捕捉）、Neuter（结扎）和Release（放归）的缩写，基于TNR救助原则控制流浪猫数量，即把一个区域里的流浪猫全部捕捉起来，施以结扎手术后，放回至它们原来生存的地方，并进行跟踪，以此达到控制流浪猫数量的目的。本系统期望根据校园流浪猫的问题，基于捕获——绝育及医疗处置——放归（TNR）救助原则，通过服务设计探索校内师生与流浪猫能够和谐共处的可持续系统设计方案。

## 二、分析问题

首先由小组成员，根据前期调研进行头脑风暴，并结合KJ法罗列课题所涉及的问题，再进行问题分析（图6-24、图6-25）。

图6-24 问题分析

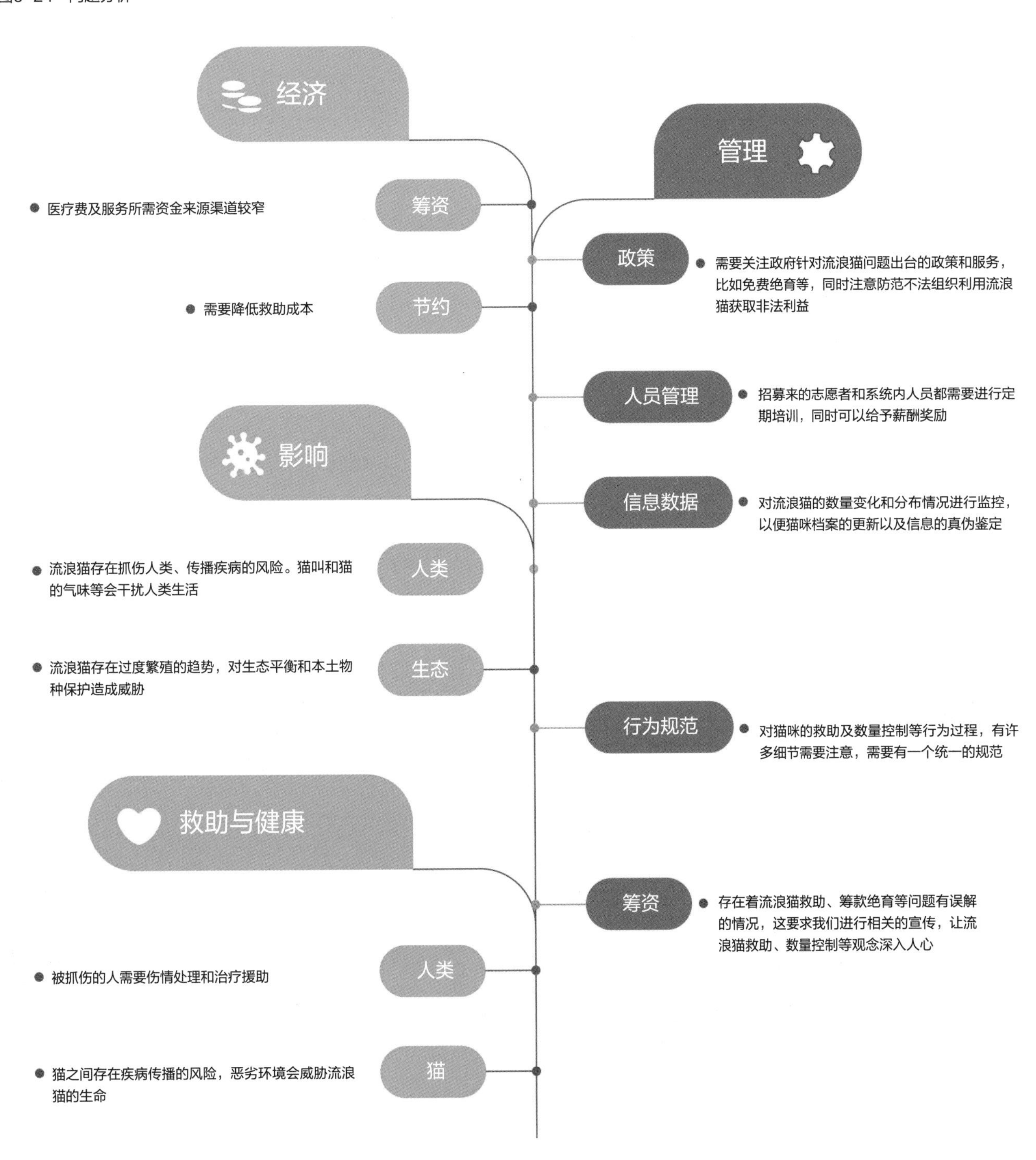

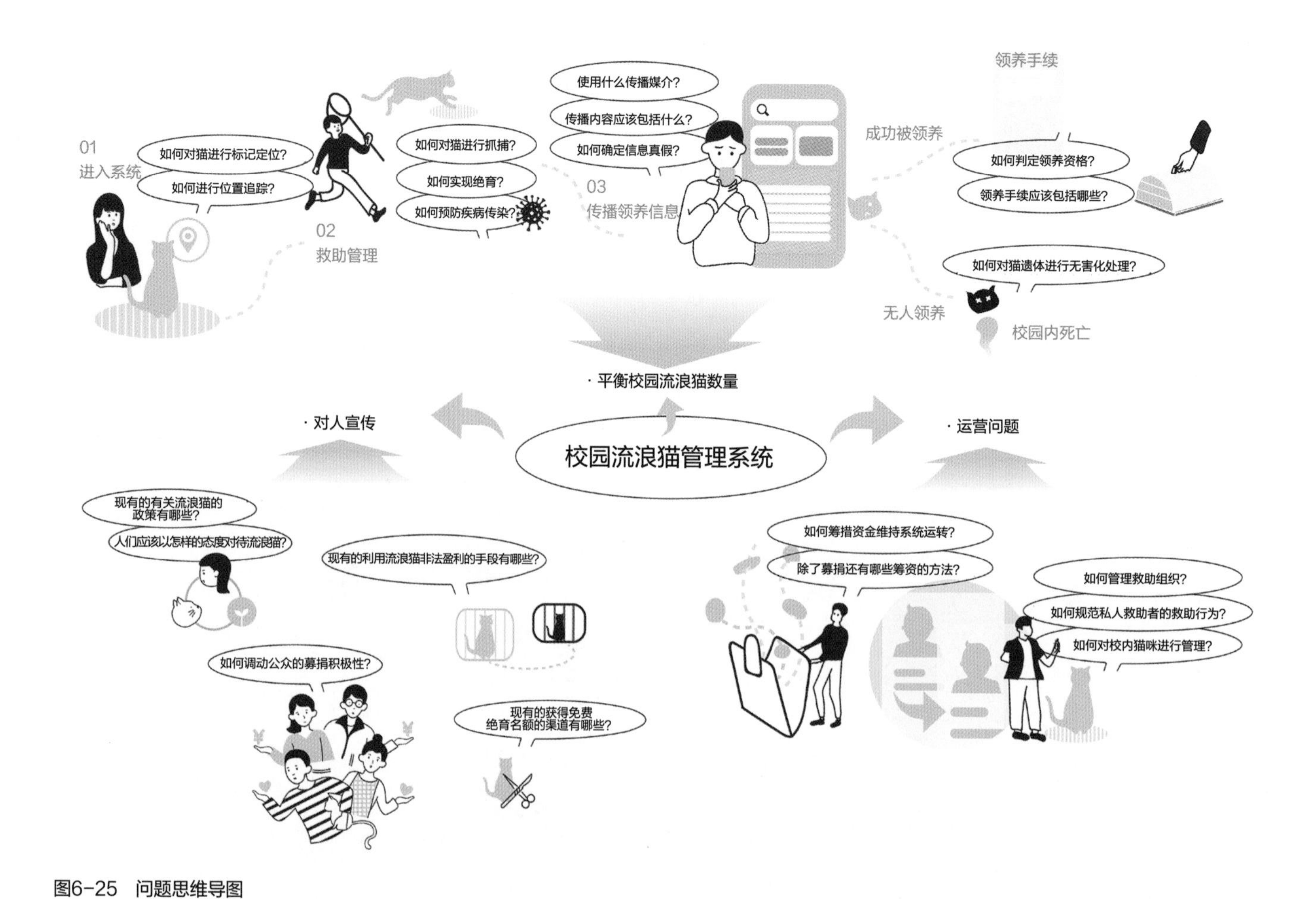


图6-25　问题思维导图

## 三、故事情景模拟

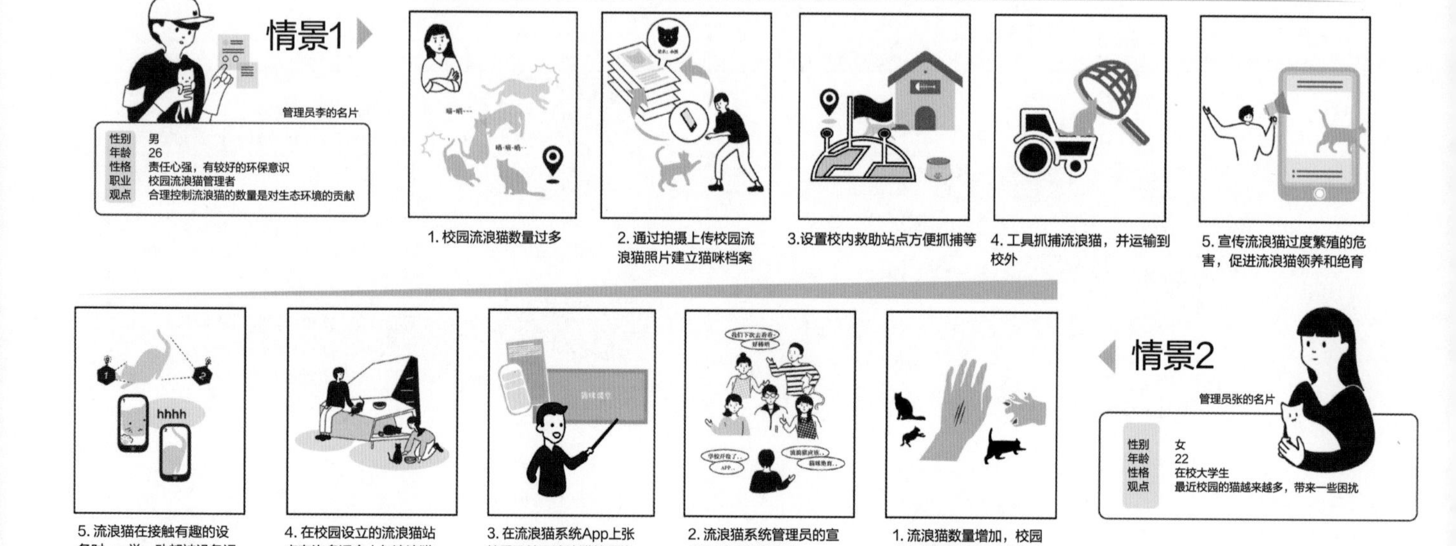


图6-26　故事板

## 四、服务系统流程图

流浪猫救助服务系统主要功能包括以下两种情况：①普通用户的喂养、互动、领养；②救助者用户的筹资、辅助校园流浪猫的绝育（图6-27、图6-28）。

（1）普通用户在校园流浪猫集中管理站点购买猫粮喂养流浪猫，通过App获取流浪猫基本信息，也可线上申请领养流浪猫；

（2）基于TNR原则，救助者用户可通过App进行猫咪救助金筹资，通过相关触点产品诱捕、运输流浪猫，完成校园流浪猫的绝育工作，绝育后放归校园。

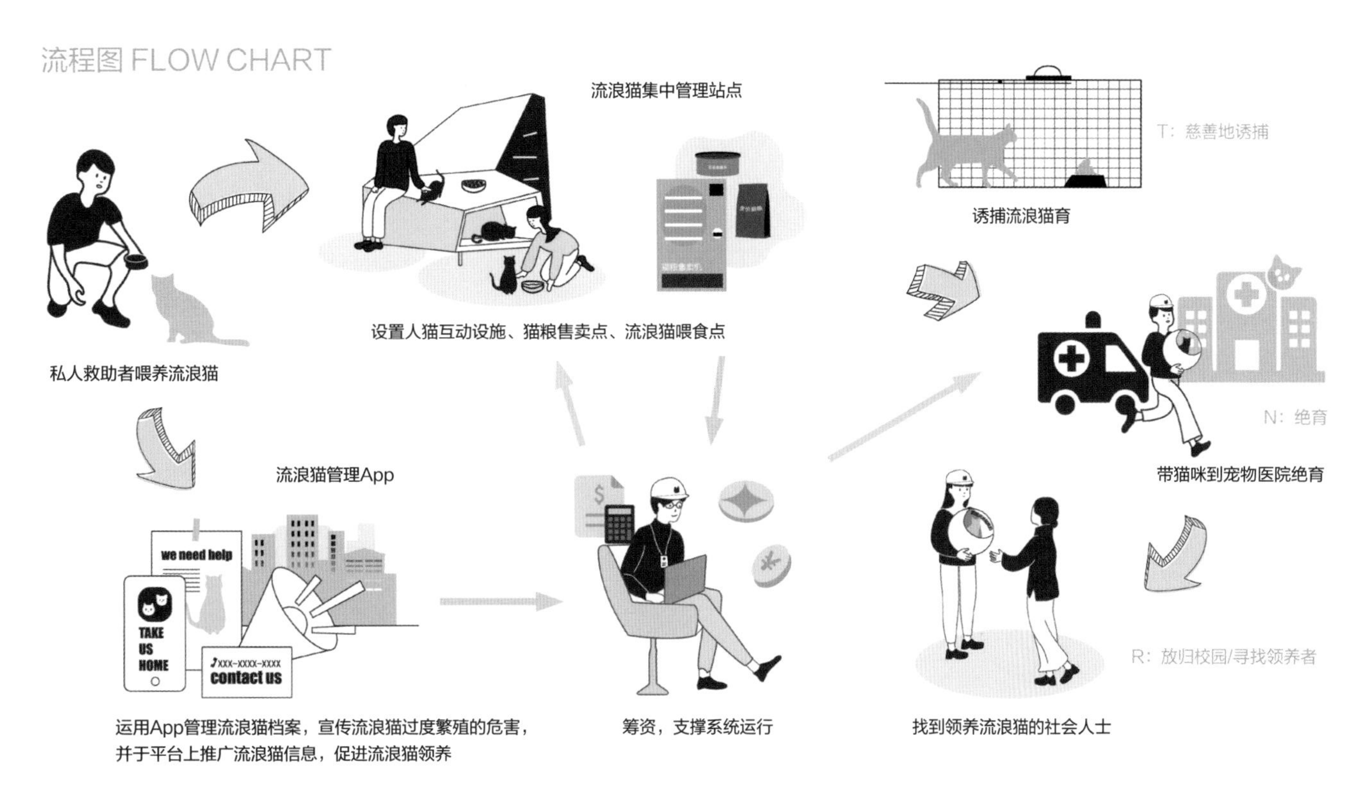


图6-27　服务系统流程图

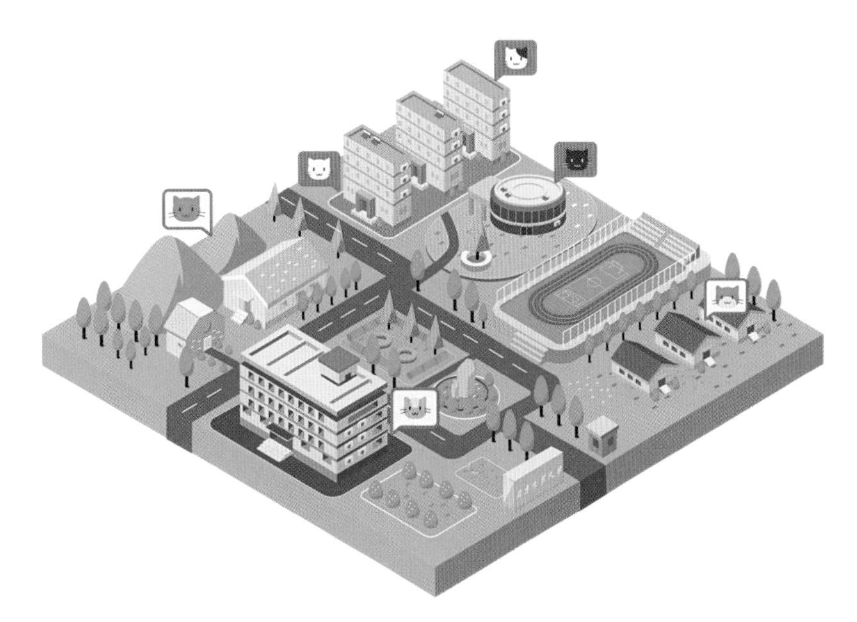

图6-28　以南京农业大学浦口校区校园为例的服务系统图

## 五、服务系统触点产品设计（图6-29、图6-30）

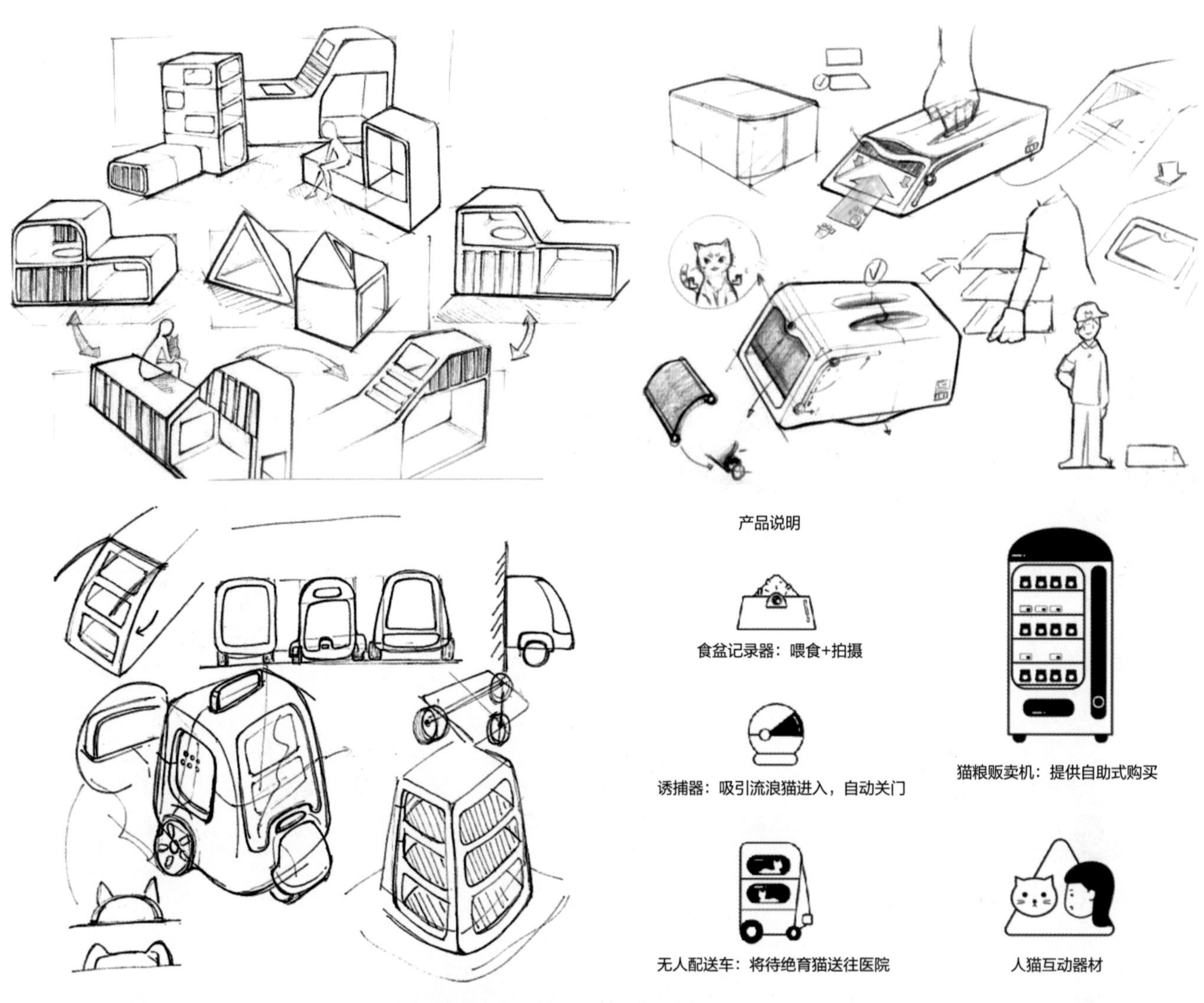


图6-29　服务系统触点产品草图

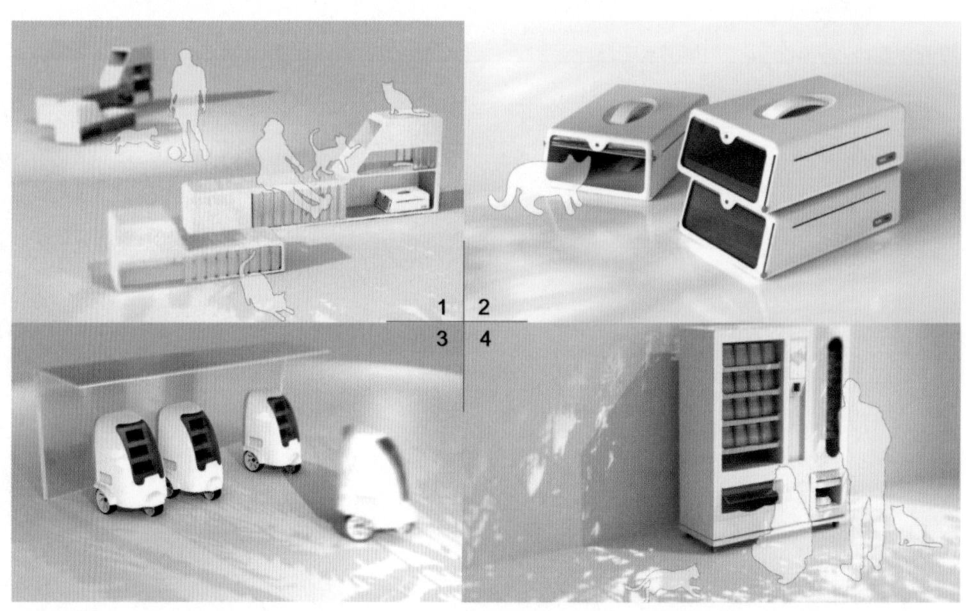


图6-30　服务系统触点产品效果图

## 六、基于TNR原则的校园流浪猫管理服务系统App界面设计（图6-31）

图6-31 UI设计

## 七、课题解析及点评

该课题选题为基于TNR原则的校园流浪猫管理服务系统设计，课题从提出校园流浪猫的各种问题出发，提出相关服务系统构想及触点产品，课题具有前瞻性和创新性，符合服务型社会发展特色。课题服务流程合理，产品关系及功能表达明确，特别是诱捕及运输流浪猫的触点产品构想新颖，课题解决了流浪猫和人和谐共处的难题，对现阶段校园流浪猫的现实问题有很大帮助和启发。

注：本节作者为南京农业大学工学院工业设计专业2018级学生：陈晓琰、王晨琦、罗旭婷、刘涵婧、敖子明。

# 第四节　城市农场服务系统设计

## 一、课题背景

"城市农场"是近年来越来越受到重视的一个研究领域，也是一种绿色、健康、时尚的国内外城市休闲方式。它是一种以城市绿化为基础，与农业生产相结合的新型城市农业。在发达国家，它已有100多年的发展历史，并具有完善的政策、技术体系，并得到广泛的认可。而中国的城市农场仍处于探索和发展阶段，没有足够的案例和经验来支持产业的发展。本项目主要研究城市农场的服务体系及产品设计，借鉴国内外城市农场的经营模式和技术，加上对用户的调查研究，提出了城乡融合的理念，并在此基础上从服务系统设计和应用产品两个方面对城市农场进行了探索。

## 二、分析问题

课题的问题总结为人文、经济、自然环境、社会因素四个方面。城市农场服务系统围绕人文因素为核心要素，进行其他模块功能服务设计的完善，体现出农场在城市范畴对农业知识普及和我国传统农业文化教育的特色（图6-32）。

## 三、解决问题

### 1. 服务系统开发构想

通过模拟用户体验的方式探讨城市农场服务系统的功能模块及模块之间的互动关系，并以可视化流程图形式呈现出来，确定了从线上预约、用户参观、用户实践再到产品流向、志愿者服务的一整套流程。

用户可以通过网络平台进行线上预约，到达农场后在工作人员的带领下进行参观接收一些农耕文化相关知识，接着可以到体验区亲身实践，体验农业活动，也可以到产品加工区了解食品加工过程或者动手操作，还有纪念品商店可供用户购买农场各种产品（图6-33）。

### 2. 用户画像

选取四种典型需求用户进行用户画像的设定，分别代表不同年龄、性别的多层次用户需求，这对探索农场的潜在服务功能非常重要（图6-34）。

### 3. 城市农场服务系统图

服务系统图宏观上展示了农场服务整体构成及流程，包括各功能区之间的关系等。

其中以种植区为核心功能区，美食区、玩乐区、讲座区、体验区等为配套功能区（图6-35）。

### 4. 城市农场服务系统触点产品设计

该产品是以自然教育和展示为主的鱼菜共生水培生态装置，其整体采用胶合板、不锈钢、PVC和透明玻璃材质，通过水泵将鱼缸中的水抽到顶部种菜区，经过层层过滤及增氧再回到鱼缸中形成水的循环利用（图6-36、图6-37）。

### 5. 城市农场形象设计

标志将“农业”“绿色”“南京”等要素集于一身，将“金陵”谐音为“精灵”作为农场的品牌名称“精灵农场”，并在此基础上设计出了蔬菜精灵样式的图案作为农场品牌的形象标志（图6-38～图6-40）。

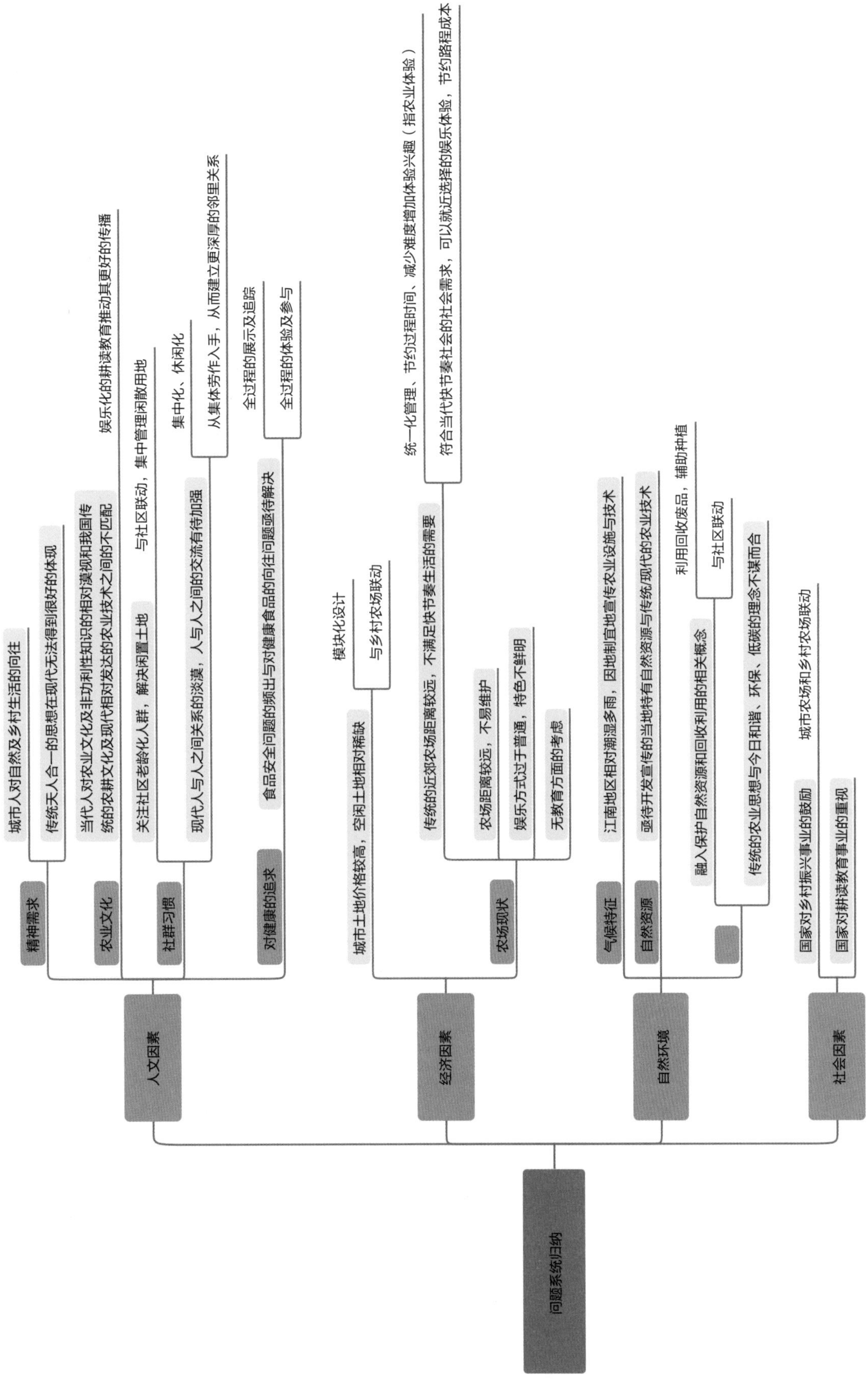

- 问题系统归纳
  - 人文因素
    - 精神需求
      - 城市人对自然及乡村生活的向往
      - 传统天人合一的思想在现代无法得到很好的体现
    - 农业文化
      - 当代人对农业文化及非功利性知识的相对漠视和我国传统的农耕文化及现代相对发达的农业技术之间的不匹配
        - 娱乐化的耕读教育推动其更好的传播
    - 社群习惯
      - 关注社区老龄化人群，解决闲置土地
        - 与社区联动，集中管理闲散用地
      - 现代人与人之间关系的淡漠，人与人之间的交流有待加强
        - 集中化、休闲化
        - 从集体劳作入手，从而建立更深厚的邻里关系
    - 对健康的追求
      - 食品安全问题的频出与对健康食品的向往问题亟待解决
        - 全过程的展示及追踪
        - 全过程的体验及参与
  - 经济因素
    - 城市土地价格较高，空闲土地相对稀缺
      - 模块化设计
      - 与乡村农场联动
    - 农场现状
      - 传统的近郊农场距离较远，不满足快节奏生活的需要
        - 统一化管理、节约过程时间、减少难度增加体验兴趣（指农业体验）
        - 符合当代快节奏社会的社会需求，可以就近选择的娱乐体验，节约路程成本
      - 农场距离较远，不易维护
      - 娱乐方式过于普通，特色不鲜明
      - 无教育方面的考虑
  - 自然环境
    - 气候特征
      - 江南地区相对潮湿多雨，因地制宜地宣传农业设施与技术
    - 自然资源
      - 亟待开发宣传的当地特有自然资源与传统/现代的农业技术
    - 融入保护自然资源和回收利用的相关概念
      - 利用回收废品，辅助种植
      - 与社区联动
    - 传统的农业思想与今日和谐、环保、低碳的理念不谋而合
  - 社会因素
    - 国家对乡村振兴事业的鼓励
      - 城市农场和乡村农场联动
    - 国家对耕读教育事业的重视

图6-32　问题分析

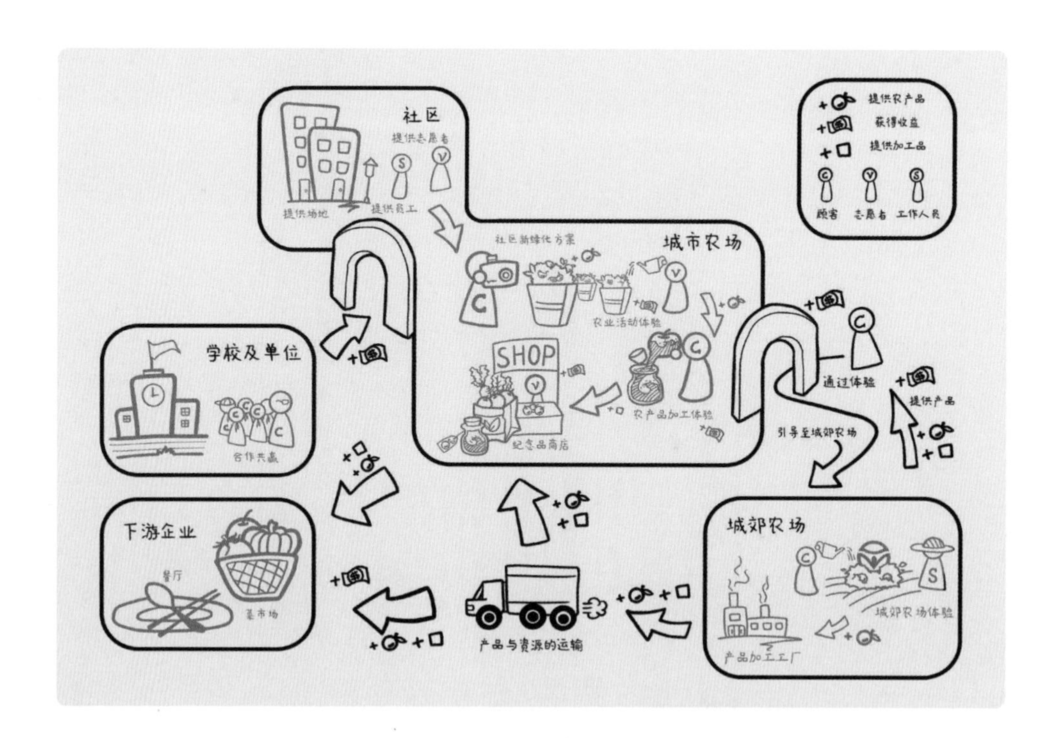


图6-33　服务系统构想流程图

图6-34　用户画像

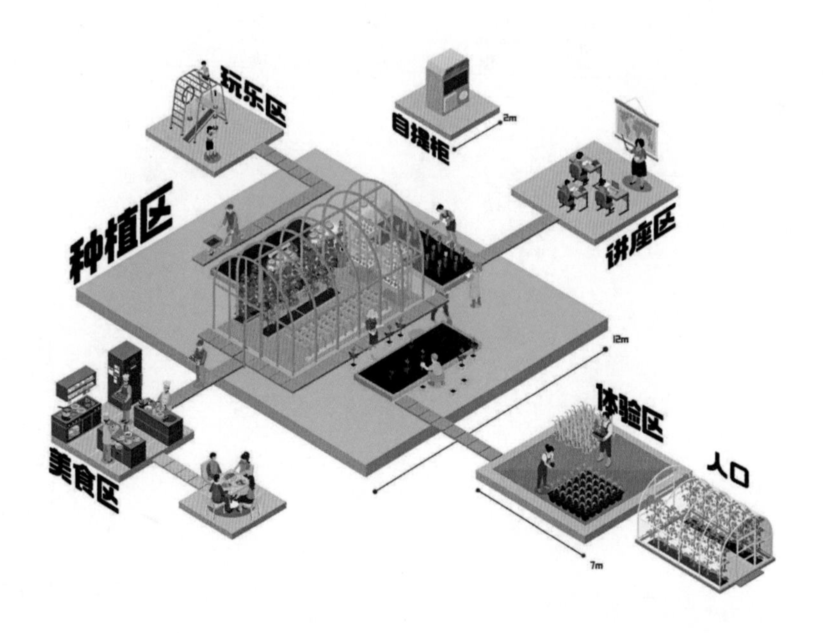


图6-35　服务系统图

结构示意图

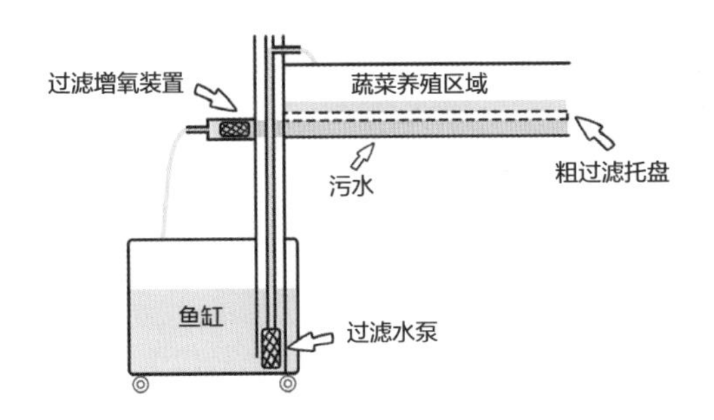


概念展示图

模型展示图

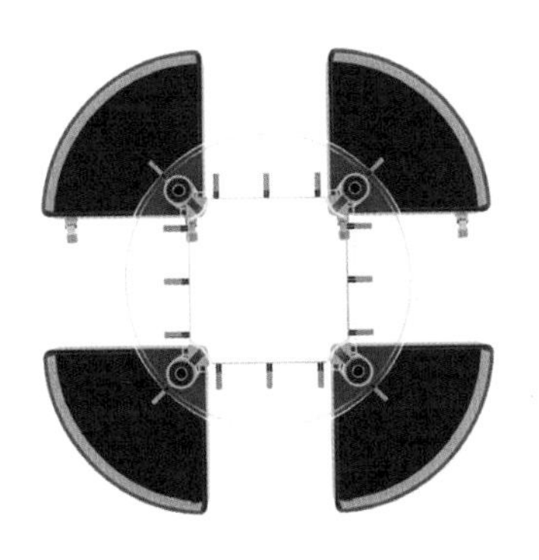

该生态缸总高度大约为160cm，四周鱼缸顶部距地面高度约80cm。中间空余部分可供儿童通过，并便于观察整个自然教育生态装置的系统且能看到水培蔬菜的根部生长情况。

俯视该生态缸有一种很强的对称美感，随着水流向四个方向的循环流动，整体既有对称的静态美也兼有水流的动态美。

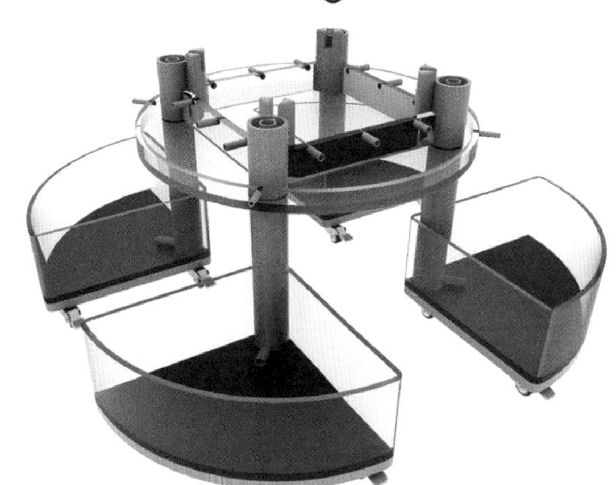

图6-36　水培生态装置

结构示意图

概念展示图

模型展示图

该产品是以自然教育和展示为主的鱼种植装置。产品采用亚克力和PVC材料为主。通过其上的植物标本与放置其上的活体植物交相呼应，从而达到同时了解某种植物整个生命形态的效果。

其整体造型类似标志的萝卜形象，活泼可爱且充满自然的清新感。

图6-37　产品通过其上的植物标本与活体植物交相呼应，让用户形象地了解植物整个生命形态知识

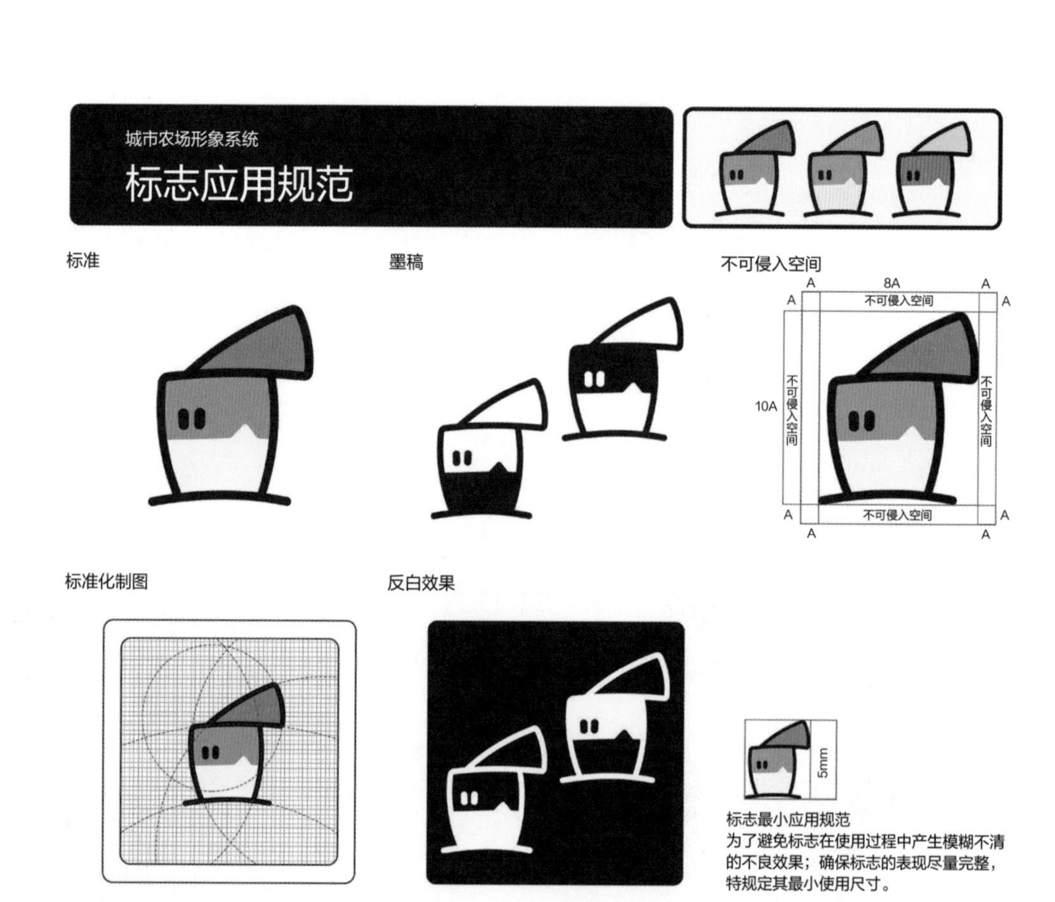


图6-38　标志设计

图6-39　形象设计

图6-40 农场产品包装设计

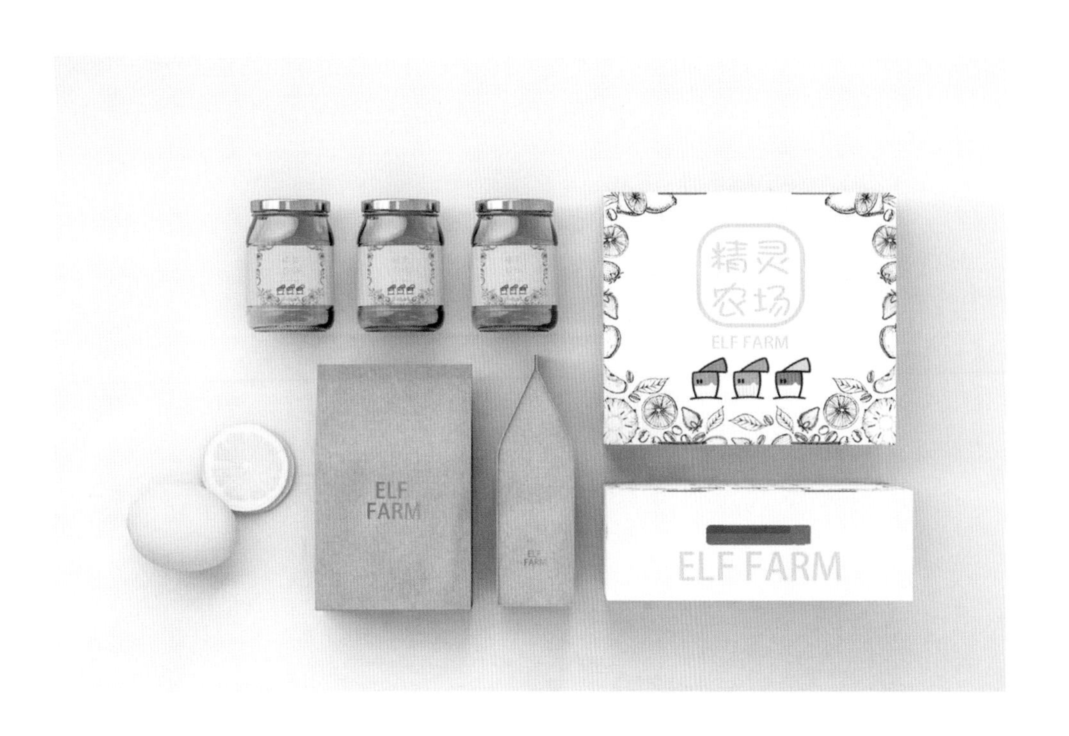


## 四、课题解析及点评

该课题选题为城市农场服务系统设计，围绕中国传统农耕文化宣传、农耕农具展示及认知、农耕活动体验等内容感受华夏文明，以城市农场的课题定位，让农耕文化走进我国城市居民生活，该课题意义非凡。课题系统功能框架突显种植体验功能，并可以配套农产品加工区、儿童农耕认知玩乐区、农耕文化讲座区等功能模块，各系统模块服务流程梳理清晰，服务触点产品设计具有创新性。课题研究对我国现阶段城市农场模式探索有一定参考价值。

注：本节为南京农业大学大学生创新创业训练项目"城市农场服务系统设计研究"成果，项目成员：李华天、邓烨、冯梦琳、戴英、陈佳琪。

# 第五节 老年社区服务系统设计

## 一、课题介绍

中国老龄化趋势日渐明显，空巢老人逐渐增多，经专家预测，在老龄化高峰期，我国老年人口将突破4亿，这对中国将是一个严峻的考验。老年人社区生活日常需求已经成为一个重要的社会问题，因此，如何使老年群体高质量地生活、娱乐，提高老年人生活满意度，是当下面临的具有挑战难度的课题。该课题面向生活在社区的老年人，从他们的需求及生活问题着手，根据问题分类进行模块功能构建，尽量解决目前老年人社区生活的多样性问题，形成一种社区中心式或者一站式解决问题的综合服务站，也为老年人如何养老、在哪里养老这些社会问题提供一种新的选择和参考（图6-41）。

图6-41　课题封面设计

## 二、分析问题（图6-42）

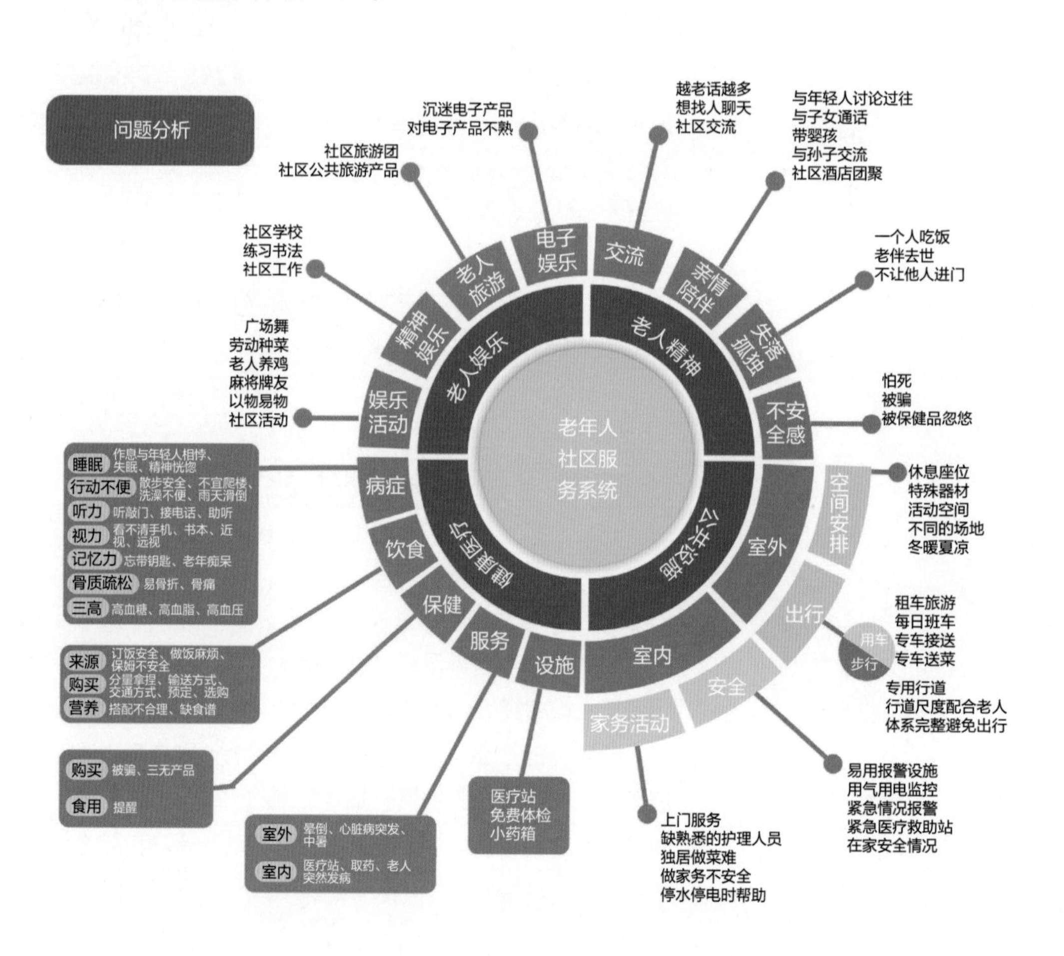


图6-42　问题分析

## 三、故事板（图6-43、图6-44）

故事板

人物　李爷爷　年龄　65岁
爱好　下棋、打麻将、种菜
经历　心脏不好，有糖尿病，常购买保健品，也常常被骗；希望家人陪伴在身边

人物　张奶奶　年龄　65岁
爱好　广场舞、家务、种菜
经历　希望可以吃到绿色蔬菜，坚持和李爷爷一起自己开垦土地种菜；想带孙子，但是腿脚不太好

图6-43　故事板人物画像

### 故事板1

老年人身体机能退化，行动不便，上下楼梯、做家务、行走易摔倒

子女外出工作，老人在家无人陪伴。开始憧憬儿孙满堂、子女陪伴的晚年

老人社区活动，特别是棋牌娱乐，需要伙伴，渴望舒适的环境

老人喜欢种菜，想要食用自己种植的蔬菜，社区内菜园影响美观，年轻人担心其身体

老人易出现突发疾病，而且医院存在看病难问题，老人就医更是不便

### 故事板2

社区内修建老人行道、上下楼梯简易电梯，方便行动不便老人上楼，也可以用于帮老人搬运重物

社区娱乐中心有宠物可以给老人陪伴、安心的感觉，不用在家养宠物给老人添负担，同时供老人娱乐

社区棋牌室，外设终端机，方便约牌友。棋牌室有户外空间，适合老人希望在户外空气好的地方娱乐的诉求

社区开辟模块化的种植园，分片区为老人提供专属种植区域，老人可以交流经验，分享劳动成果，合理规划有利于社区美观

每栋楼房给老人提供急救药箱，根据疾病及时给药，并联系社区服务人员及其家人，及时为老人提供救助

图6-44　故事板

## 四、老年社区服务系统流程图（图6-45）

图6-45　老年社区服务构想流程图

## 五、老年社区服务中心场景（图6-46）

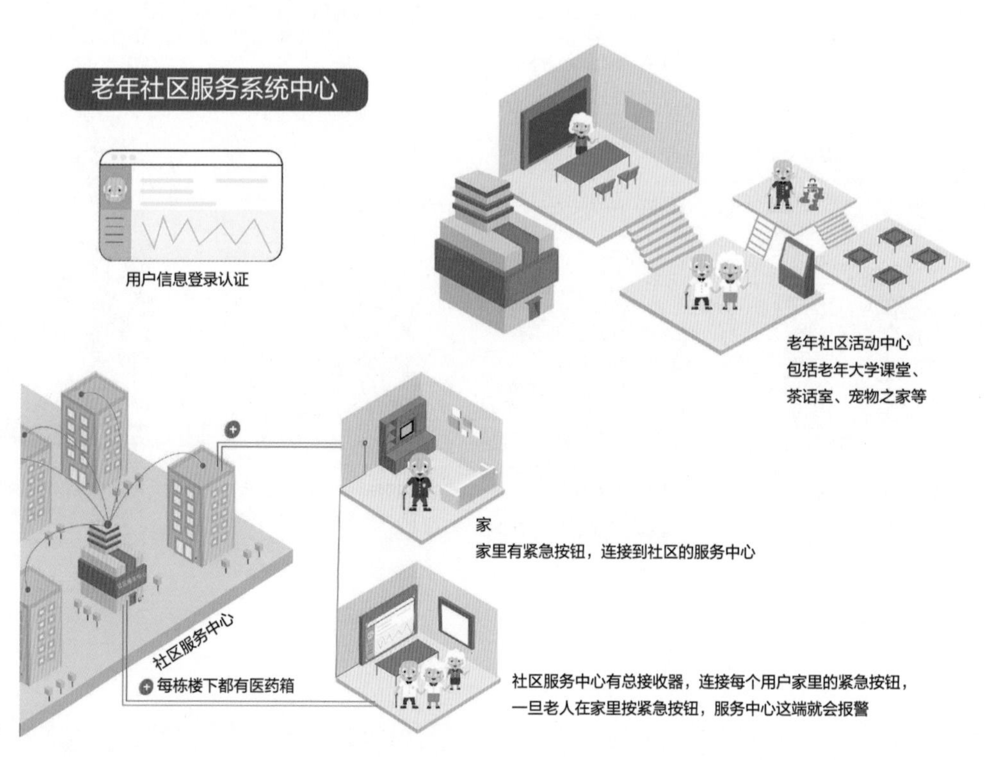


图6-46　老年社区服务中心部分场景

## 六、老年社区服务中心触点产品设计（图6-47～图6-50）

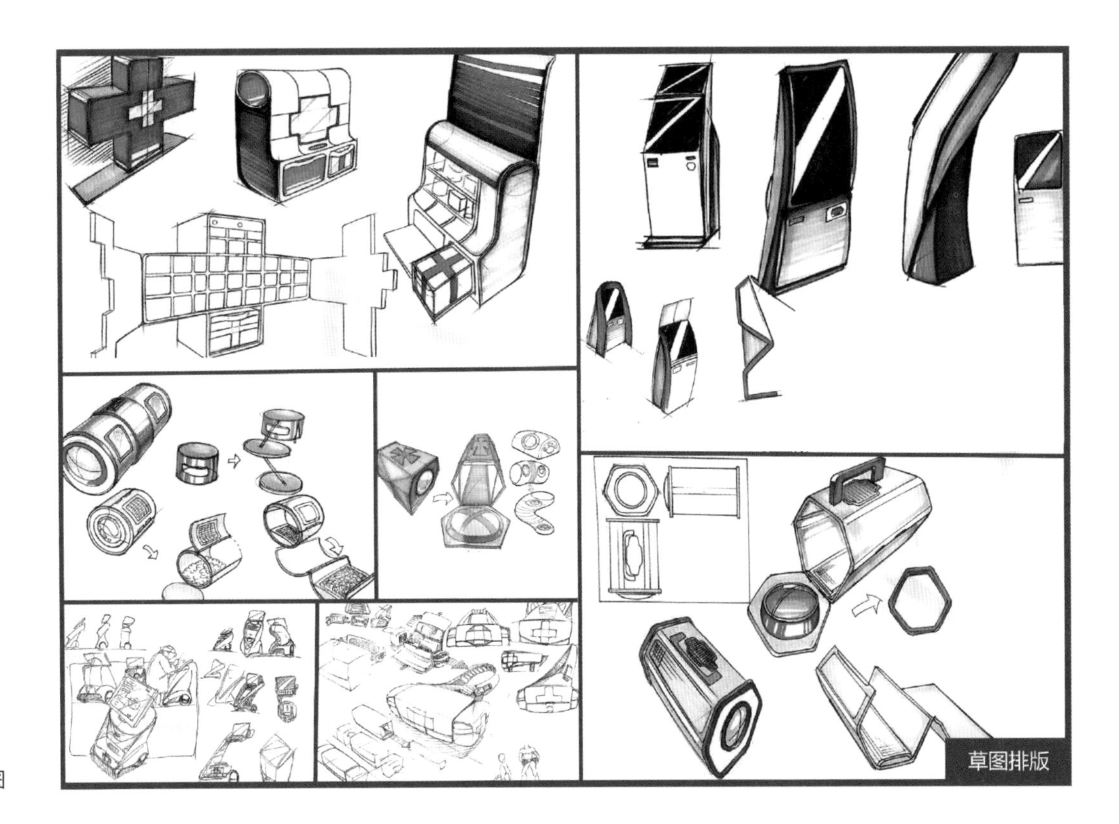


图6-47　触点产品手绘图

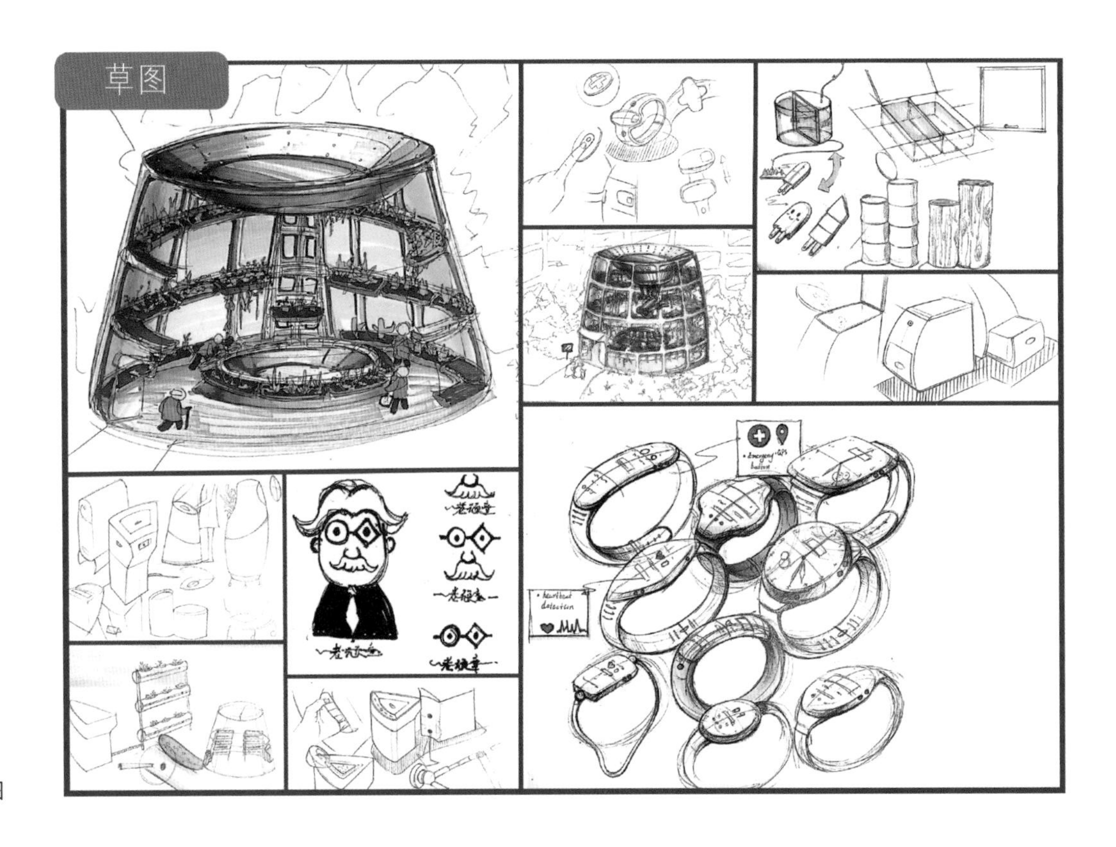


图6-48　触点产品手绘图

## GREEN HOUSE 绿房子

采用现代化技术，开启手环识别进入室内种植中心，手环识别自己的种植区域，并将菜圃降到大厅中心的台面上，即可照理自己的菜圃。菜圃以每2小时转一圈的方式，接受不同方向的阳光照射。

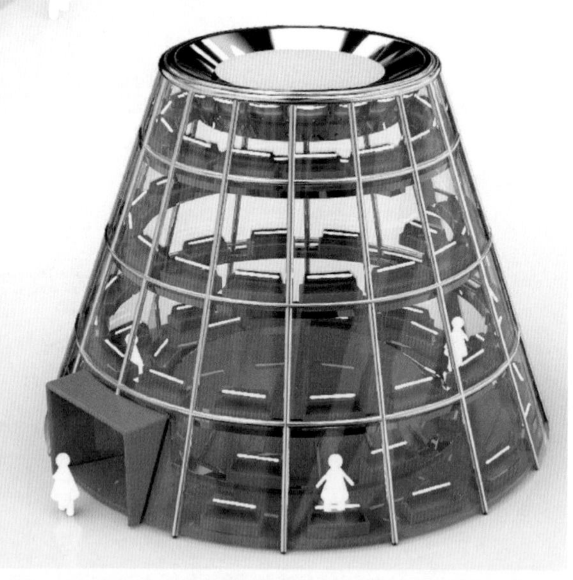

图6-49　触点产品效果图

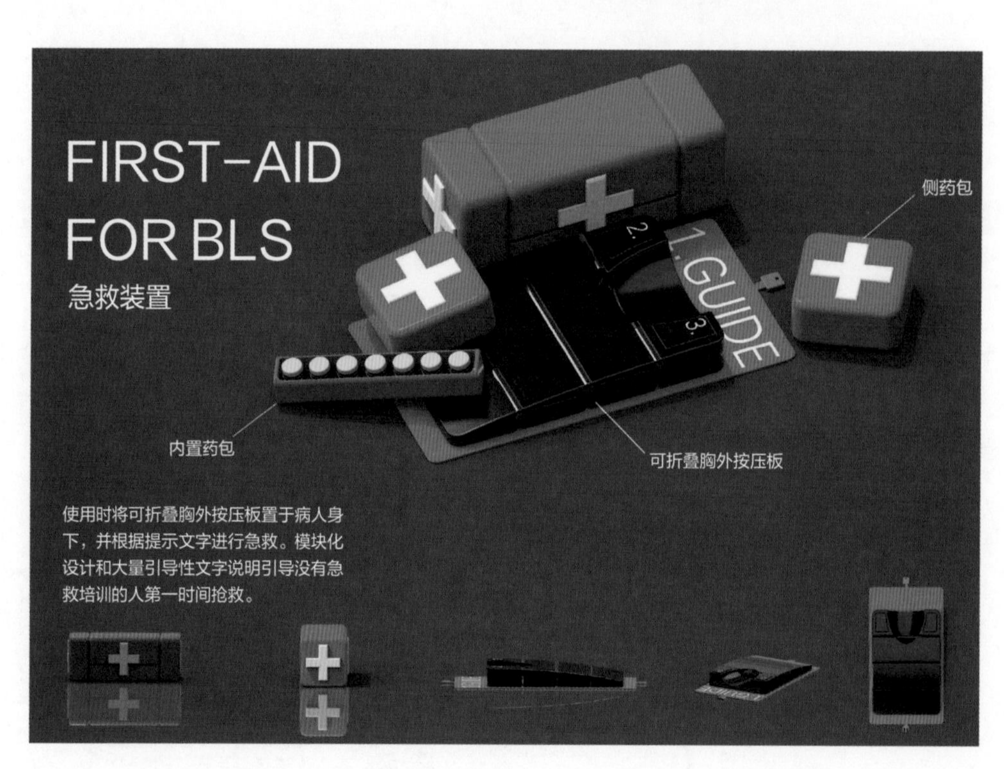


图6-50　触点产品效果图

## 七、课题解析及点评

该课题选题为老年社区服务系统设计，关注现阶段社会人口结构老龄化现象，关爱社区老年朋友生活，研究内容很有社会现实意义。课题根据问题梳理搭建服务系统框架，主要由老年中心服务、种植区、陪伴区、医疗区、娱乐区等功能模块构成。各环节内容图示化展示思路清晰，触点产品设计有创意。本课题对我国老年人居家养老的社会问题研究及实践具有一定参考意义。

注：本节作者为南京农业大学工学院工业设计专业2016级学生：郑海蕴、夏爽、董欣雨、蒙思岚、赵博文。

## 第六节　城市智能旧物回收服务系统设计

### 一、课题介绍

随着生活质量不断提高，生活物资的过剩与处置已经成为城市居民日常难题，旧物回收与再利用的社会服务及配套设施不够完善，类似服务及产品设计逐渐引起相关研究领域的重视。课题针对城市社区旧物回收问题，结合服务设计思路及方法，从城市社区旧物回收现存问题及居民需求点出发，构建城市旧物回收服务系统策略，从软件到硬件以及服务流程探讨城市旧物回收的一系列问题。

### 二、问题分析（图6-51、图6-52）

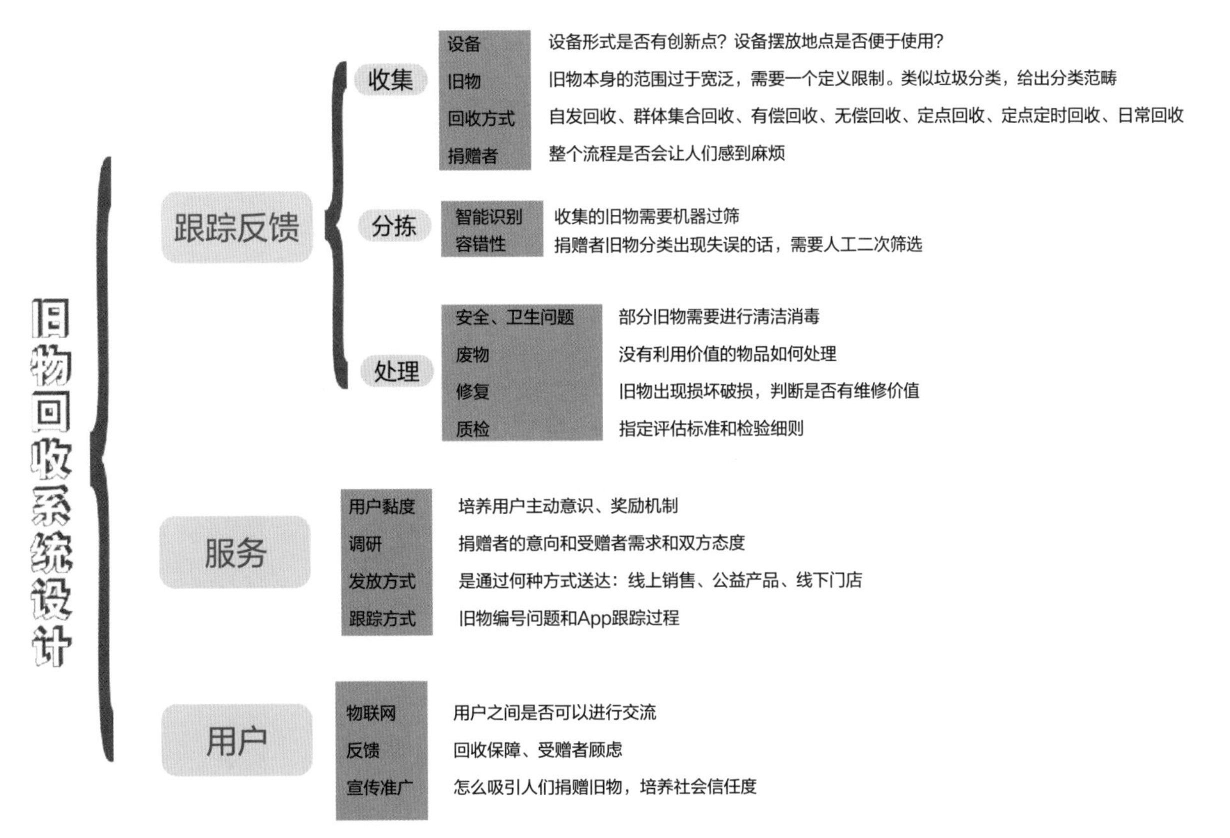


图6-51　KJ法问题分析

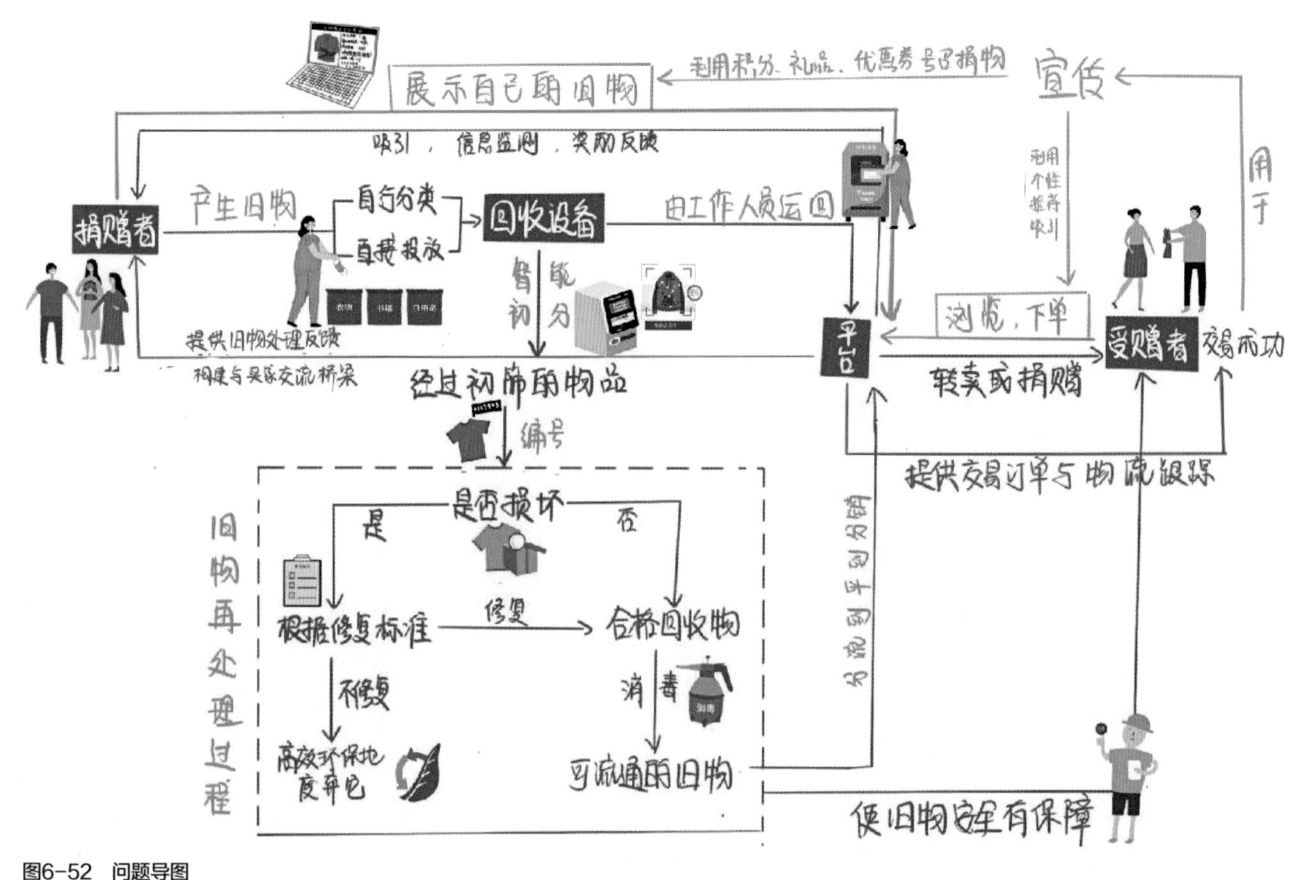


图6-52　问题导图

## 三、服务设计系统构想（图6-53）

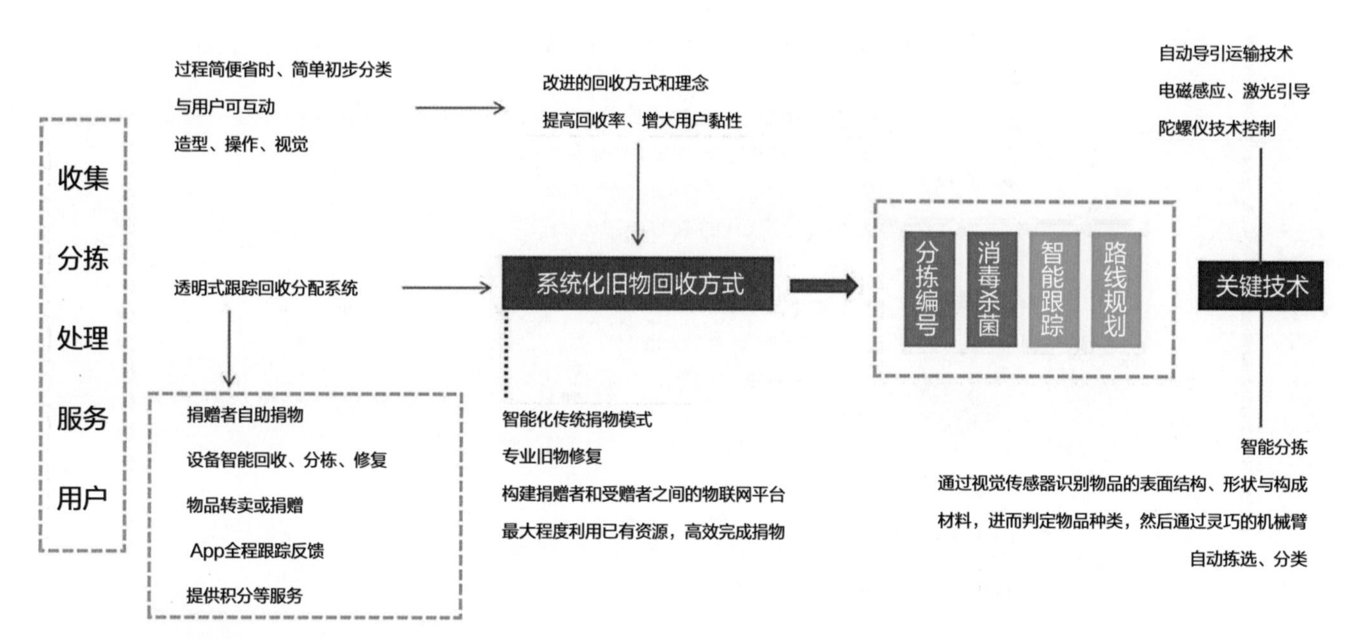


图6-53　服务系统构想

## 四、故事板（图6-54～图6-56）

姓名：张宏
性别：男
年龄：34
职业：旧物回收从业人员
爱好兴趣：健身 上网 看电影

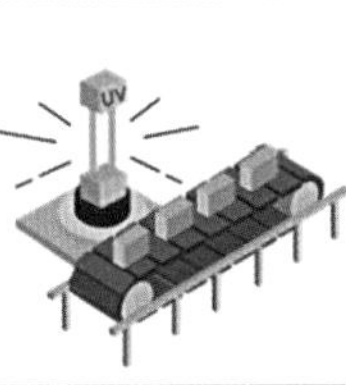

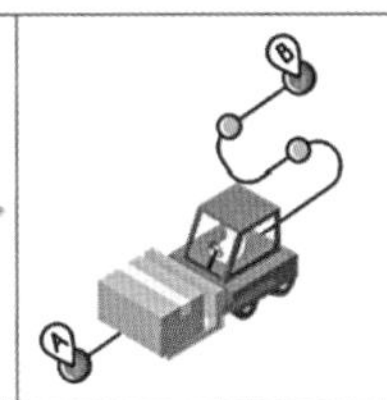

1. 张宏曾经在某旧物回收公司工作过，发现回收流程不够完善，处理滞后。
2. 他来到了新的旧物回收系统工作，发现旧物回收系统体系完整，旧物分类明确、分拣智能、流水线式操作。
3. 在修复工作区，修复工作台提供了基本工具和材料，工人对有修复价值的物品进行修缮。
4. 消毒杀菌车间里运用了UV光波消毒技术，保证物品安全卫生。
5. 流动于各个工位之间的智能物流运输车，自动将物品运输至指定位置，功能多样，提高了工作效率。

图6-54　故事板一

姓名：黄颖
性别：女
年龄：30
职业：互联网公司员工
平时工作略微繁忙
家庭：一家三口　中产阶级
爱好兴趣：网络购物　追剧　刷短视频
其他：定期大扫除，会整理出大量杂物；孩子物品更新快，丢掉觉得可惜，
希望捐物过程增加用户体验的部分，能知道自己捐出旧物的流程去向

（1）小黄很爱为家庭网购，因此下单了很多商品，导致家庭物品更新换代快。
（2）她定期大扫除，会发现被遗忘的、使用频率低的物品，打算处理掉这些旧物，由于扔掉觉得可惜，决定捐出。
（3）传统捐物漏洞较多，例如没有反馈、旧物分类混乱、宣传不足等，让用户没有动力捐物，小黄觉得与直接扔掉物品无异。
（4）小黄通过网络宣传看到了新的捐物系统，据说完善了传统捐物的漏洞，并有即时反馈的App跟进物品去向，同时还有奖励机制，很诱人，小黄愿意主动尝试。
（5）小黄下载了捐物App，根据平台的介绍，她将自己的旧物整理打包好，到社区回收箱捐出。

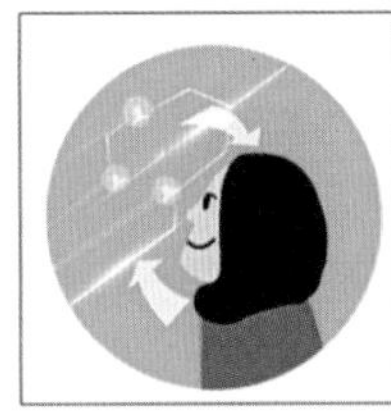

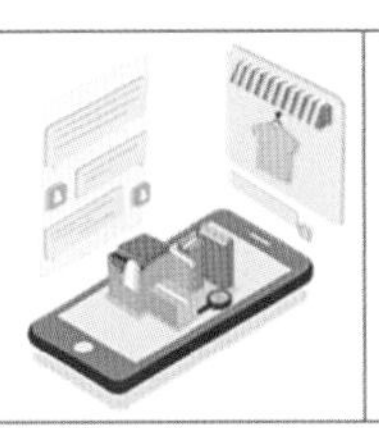

（1）捐出物品后，小黄每天都在手机上看旧物的最新捐赠进展，了解实时动态。
（2）第四天后，她发现自己捐出的旧衣服被贫困地区的希望小学接收，部分物品在平台上进行二次售卖，自己获得了相应的捐赠积分。
（3）小黄通过系统提供的平台与一些陌生人交流，展示闲置物品，他们可以进行旧物置换、交易等操作。
（4）她多次使用捐物系统，积累了足够的积分，兑换一些日常用品，甚至有一次兑换到了限量水族馆门票，感到很满足。
（5）小黄觉得这样的捐物系统更有意义，同时充满了趣味，她决定向亲朋好友们推荐这个系统。

图6-55　故事板二

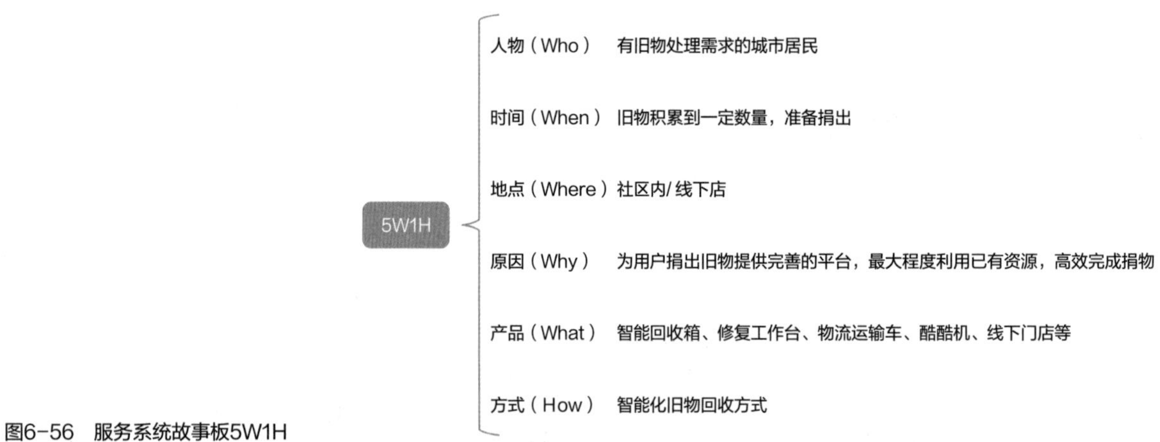


图6-56 服务系统故事板5W1H

## 五、服务系统流程图（图6-57）

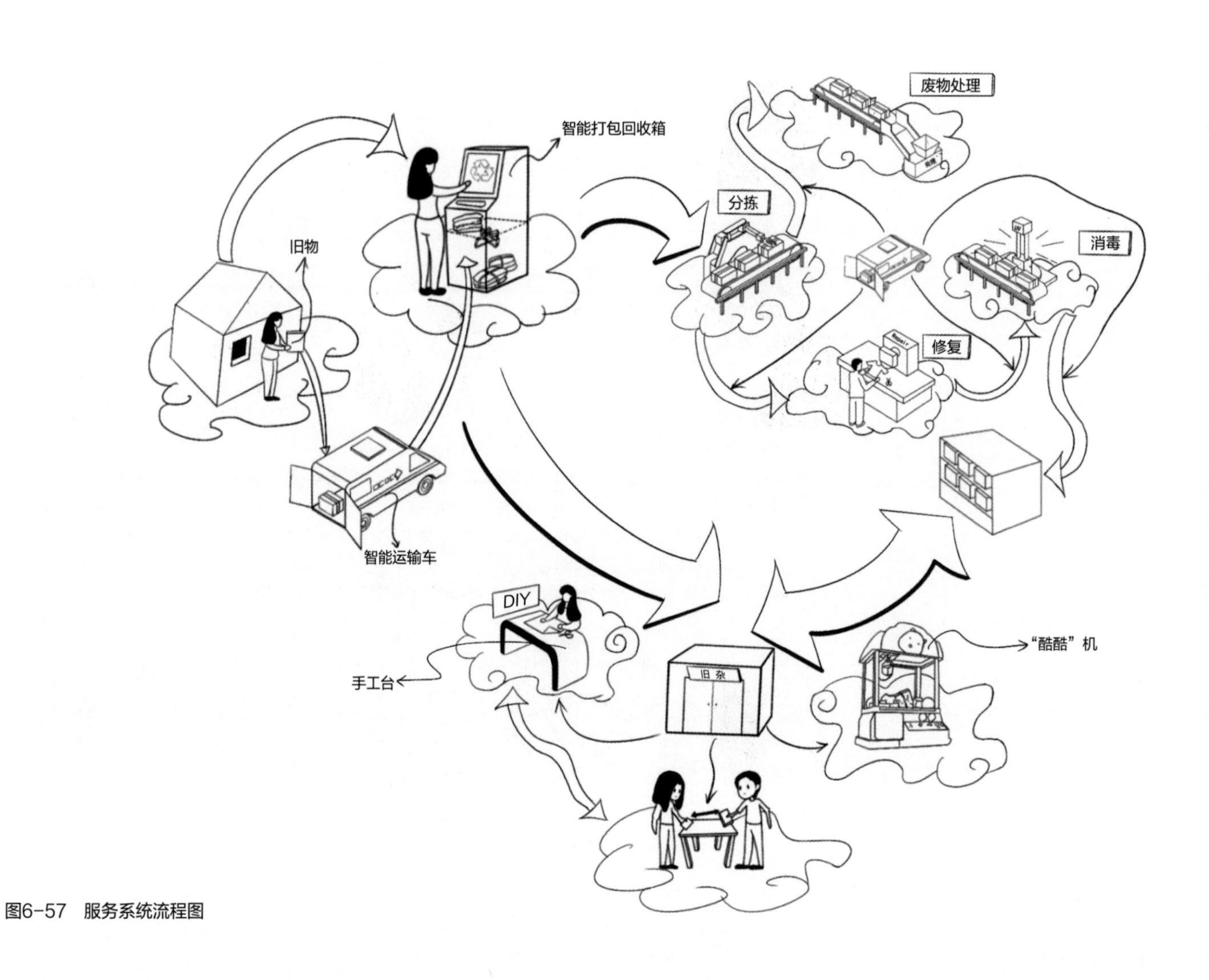


图6-57 服务系统流程图

## 六、城市智能旧物回收服务系统触点产品设计（图6-58～图6-63）

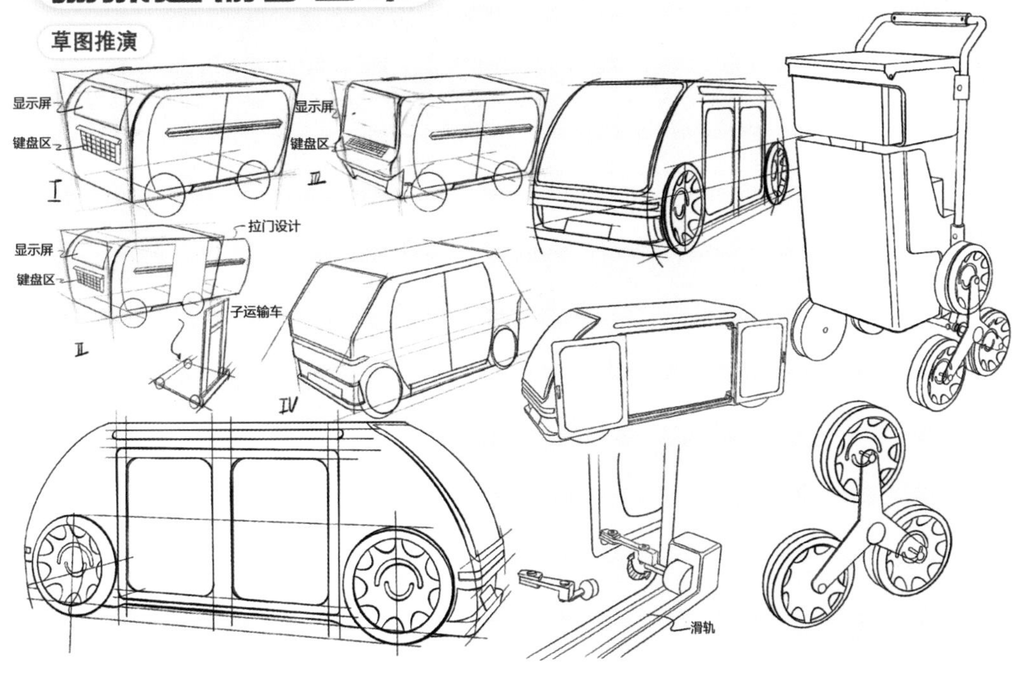


图6-58 服务系统触点产品草图（于卓希设计）

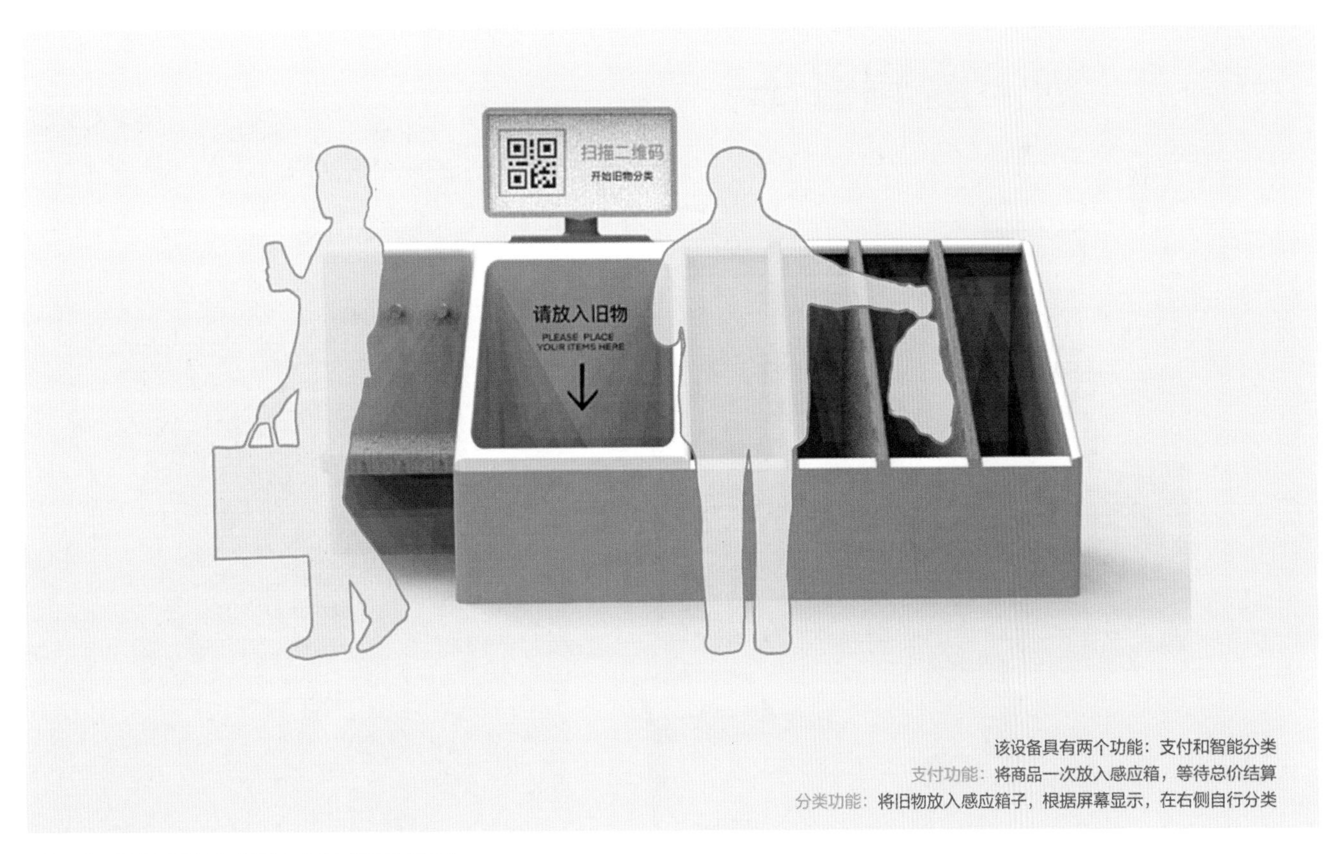


图6-59 服务系统触点产品效果图（黄雨欣设计）

图6-60　服务系统触点产品效果图（于卓希设计）

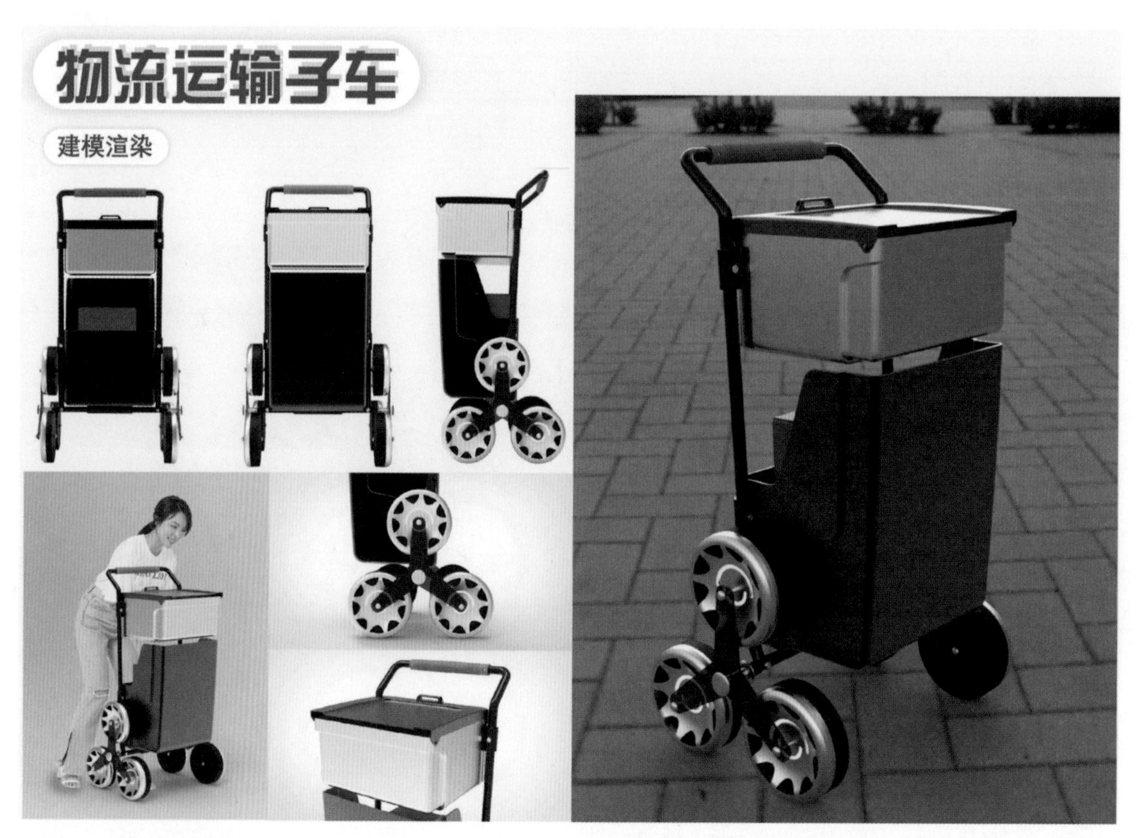


图6-61　服务系统触点产品效果图（于卓希设计）

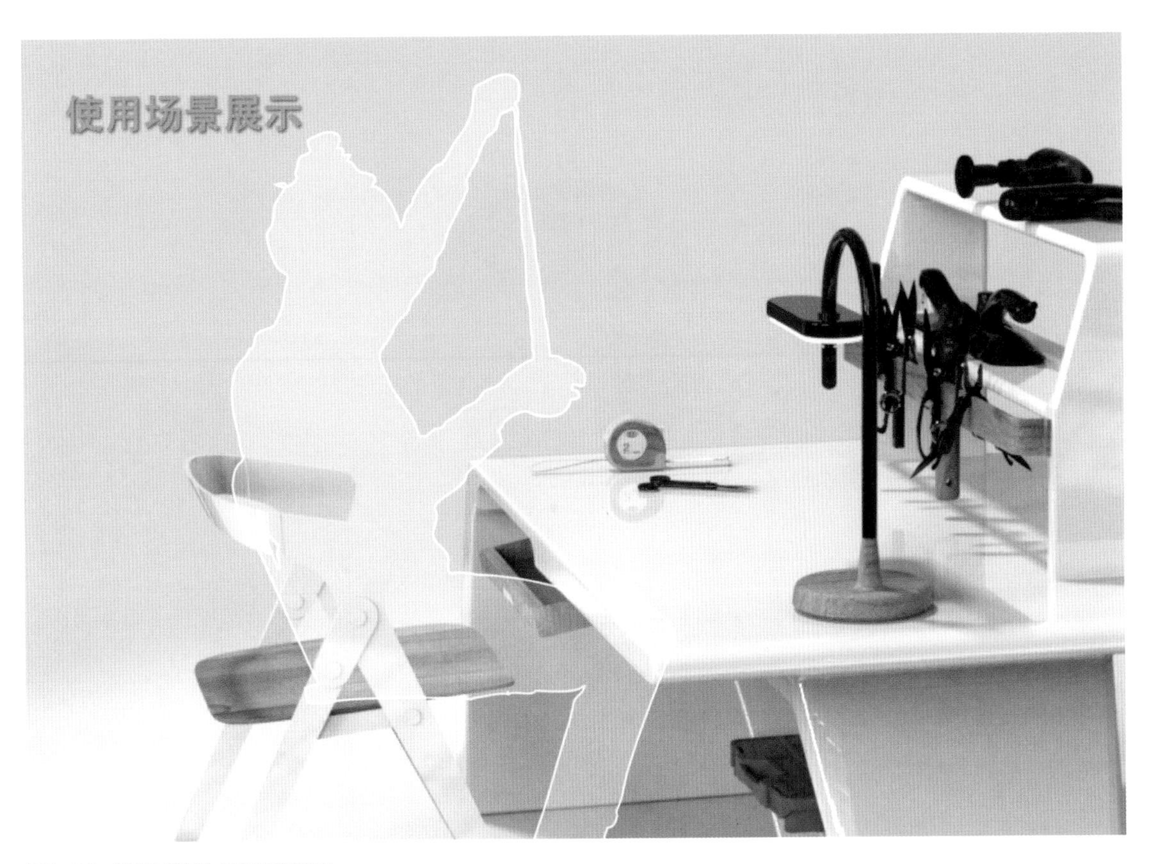


图6-62　服务系统触点产品效果图

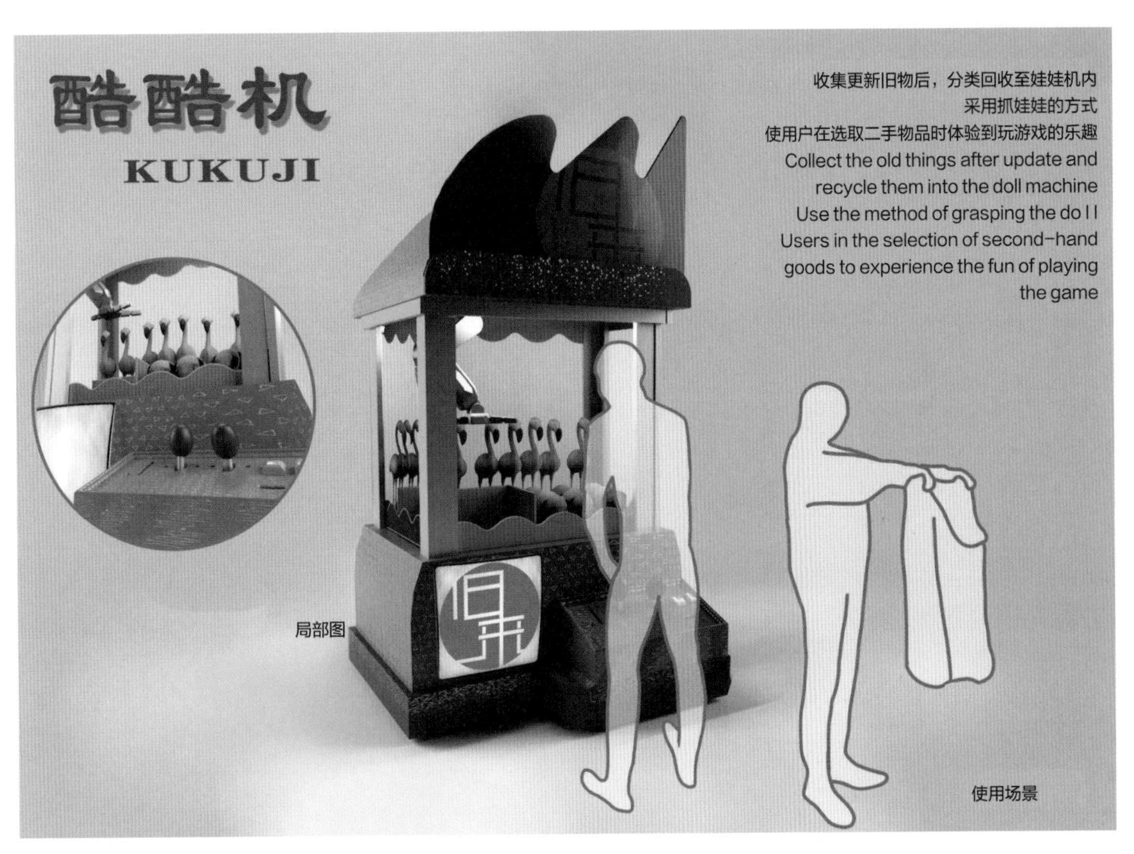


图6-63　服务系统触点产品效果图（王丹晨设计）

## 七、城市智能旧物回收服务系统形象及App界面设计（图6-64~图6-68）

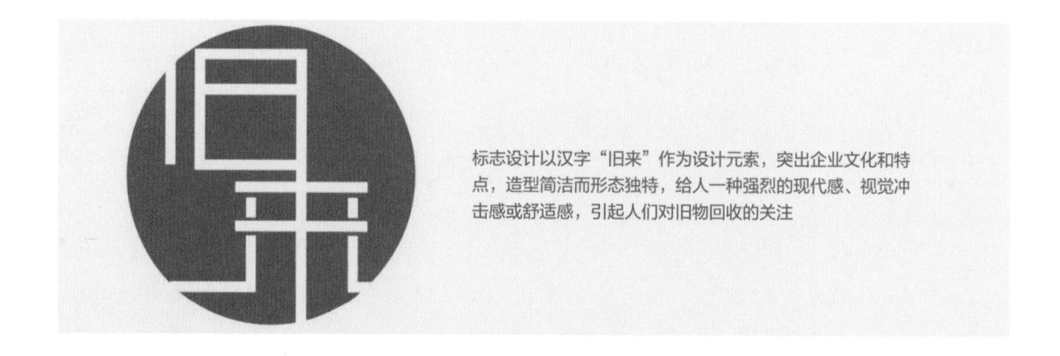


图6-64　服务系统标志设计说明

图6-65　服务系统形象设计——工作装（王丹晨设计）

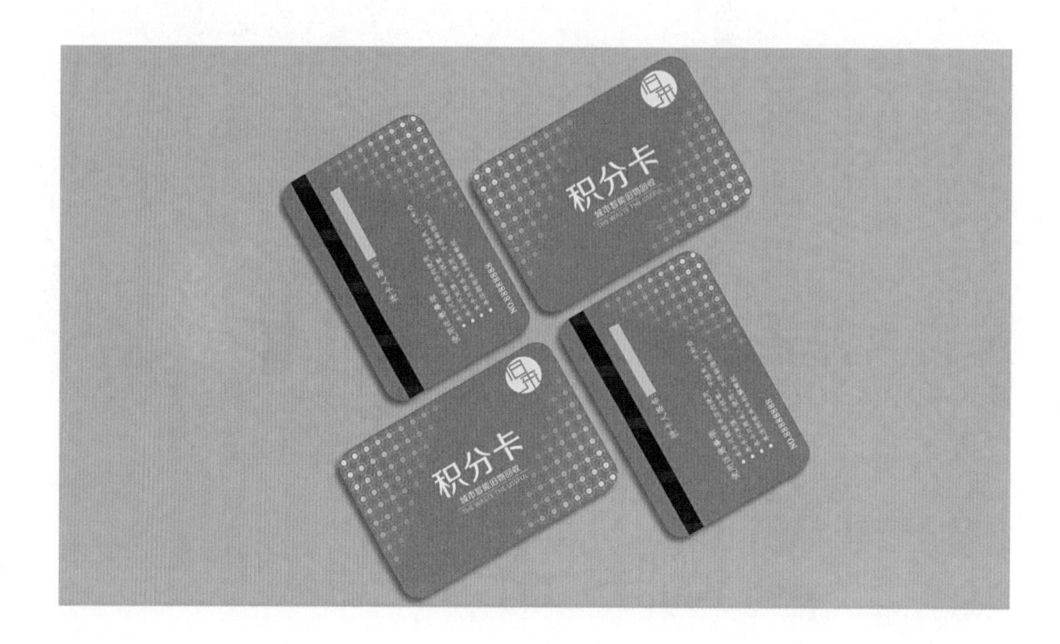


图6-66　服务系统形象设计——积分卡（段宇洁设计）

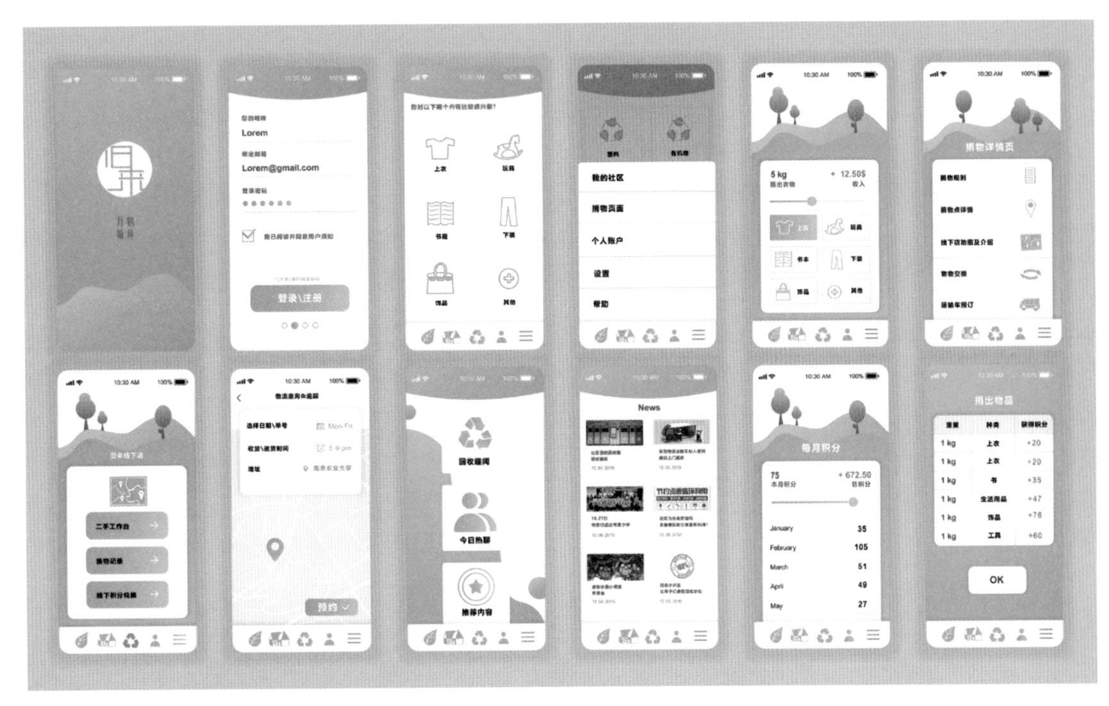

图6-67　服务系统App界面设计示意

图6-68　服务系统海报设计

## 八、课题解析及点评

该课题选题为城市智能旧物回收服务系统设计，现阶段人们物质生活水平提高，生活物资充裕，社区旧物回收将日渐成为社会关注的问题。课题着眼于可持续发展的社会服务设计，以回收为起点，构想循环利用、DIY再设计等服务环节，初步呈现了一个可持续发展的旧物回收服务系统。课题框架思路清晰，服务流程考虑充分，服务触点产品种类丰富，设计具有创意。课题对社会可持续发展实践研究具有一定参考价值。

注：本节作者为南京农业大学工学院工业设计专业2018级学生：于卓希、段宇洁、王丹晨、黄雨欣、胡亚淇。

# 参考文献


[1] 黄峰，赖祖杰. 体验思维：让品牌触动人心[M]. 天津：天津科学技术出版社，2020.

[2] 腾讯公司用户研究与体验设计部. 在你身边 为你设计Ⅲ——腾讯服务设计思维与实战[M]. 北京：电子工业出版社，2021.

[3] 黄蔚. 服务设计引发的革命：引发用户追随的秘密[M]. 北京：机械工业出版社，2019.

[4] 李欣宇. 突破创新窘境[M]. 北京：人民邮电出版社，2021.

[5] （意）埃佐·曼奇尼（Ezio Manzini）. 设计，在人人设计的时代[M]. 钟芳，马谨译. 北京：电子工业出版社，2016.

[6] 王国胜. 触点：服务设计的全球语境[M]. 北京：人民邮电出版社，2016.

[7] HOLLINS B. Total Design: Integrated Methods for Successful Product Engineering[M]. London: Europe Pitman, 1991.

[8] BOOMS B, BITNER M J. Marketing strategies and organization structures for service firms[M]. New York: AMA Services, 1981.

[9] LOVELOCK C, WRIGHT L. Principles of service marketing and management [M]. New York: Prentice Hall, 1999.

[10] 何传启. 发展知识型服务业的战略构想[N]. 科技日报，2016-7-11.

[11] BUCHANAN R. Wicked Problems in Design Thinking [J]. Design Issues, 1992, 8(2): 5-21.

[12] 娄永琪，马谨. 一个立体“T型”的设计教育框架[C]//新兴实践：设计中的专业、价值与途径，北京，中国建筑工业出版社，2014：228-251.

[13] Donald A. Norman, & Pieter Jan Stappers. DesignX: Complex Sociotechnical Systems[J]. She Ji: The Journal of Design, Economics, and Innovation, 2015, 1(2): 83-106.

[14] 柳冠中. 设计与国家战略[J]. 科技导报，2017，（22）：15-18.

[15] SHOSTACK G L. How to Design a Service[J]. European Journal of Marketing, 1982, 16(1): 49-63.

[16] 代福平，辛向阳. 基于现象学方法的服务设计定义探究[J]. 装饰，2016，282（10）：66-68.

[17] 秦军昌，张金梁，王刊良. 服务设计研究[J]. 科技管理研究，2010（4）：151-153.

[18] 辛向阳，曹建中. 定位服务设计[J]. 包装工程，2018，39（18）：43-49.

[19] 辛向阳，曹建中. 服务设计驱动公共事务管理及组织创新[J]. 设计，2014（5）：124-128.

[20] 姚子颖，杨钟亮，范乐明，等. 面向工业设计的产品服务系统设计研究[J]. 包装工程，2015，36（18）：54-57.

[21] 张凯，高震宇. 基于叙事设计的儿童医疗产品设计研究[J]. 装饰. 2018（01）：111-113.

[22] YUAN Yuan, LIU Yu-lu，GONG Lei, et al. Demand Analysis of Telenursing

for Community-Dwelling Empty-Nest Elderly Based on the Kano Model[J]. Telemedicine and e-Health, 2021, 27(4): 414-421.

[23] 周祎德，彭希赫．服务设计的满意度动态评价方法[J]．设计艺术研究，2018，8（4）：64-68.

[24] 吕常富，张凌浩．服务系统设计在医疗管理中的应用研究[J]．环球人文地理，2014（02）：256.

[25] 韦伟，吴春茂．体验地图、顾客旅程地图与服务蓝图比较研究[J]．包装工程，2019，40（14）：217-223.

[26] 康丽娟．眼动实验在设计研究中的应用误区与前景——基于国内研究现状的评述[J]．装饰，2017（08）：122-123.

[27] 孟维维，夏敏燕，李一凡．基于感性工学的直立起立床设计要素研究[J]．工业设计，2020（03）：28-29.

[28] 严毅，王国宏，刘胜林，等．基于系统可用性量表的输液泵可用性评估[J]．中国医疗设备，2012，27（10）：25-27.

[29] 姚雯．基于服务设计理念的老年患者智能家居产品设计研究[J]．西部皮革，2021，43（02）：49-50.

[30] 周毅晖．MRI设备外观造型设计的产品语意表现[J]．装饰，2018（02）：134-135.

[31] 丁悦．感性工学在可穿戴设备设计中的应用研究[J]．工业设计，2019（03）：152-153.

[32] 席乐，吴义祥，叶俊男，肖旺群，程建新．基于魅力因素的微型电动车造型设计[J]．图学学报，2018，39（04）：661-667.

[33] 张抱一．基于偏好的设计：魅力工学及其在产品设计中的应用研究[J]．装饰，2017（11）：134-135.

[34] 刘雁，吴天宇．基于眼动仪实验法的水墨招贴视觉差异性研究[J]．设计艺术研究，2015，5（06）：31-36.

[35] 李欣宇．突破创新窘境[M]．北京：人民邮电出版社，2021.